JN097612

沖縄
自然観望

坂下 光洋

　これまでの沖縄の自然を扱った著書は、場所がどこであっても沖縄の自然として包括し、場所ごとの解説が十分とは言えなかった（本書、はじめにより引用）。この部分は、現状の沖縄の自然を扱った著書の課題であり、また、著者が本書の執筆に取り掛かった理由でもある。

　場所ごとの自然や生き物だけでなく、地域の歴史や風習をこの関連の中で捉えて適切に解説が成されているのが、本書の大きな特徴である。また、現在、著者の在住する名護市や「やんばる」の体験を通した事例が多く取り上げられているのも特徴である。

　季節を暦（太陽暦・太陰暦）の中で捉え、日々の我々の季節感と暦上での季節（二十四節気等）との違いを地球と太陽、月等の天体の動きと関連付けた解説は、斬新な試みであり、腑に落ちる。

　沖縄の自然、これを基にして形作られた沖縄の伝統文化も理解できる良書である。著者曰く、本書は「沖縄の自然に関する『入口のとびら』の解説となり、（中略）、その実用や楽しみの『きっかけ』」とのことである。本著書を出発点として、沖縄の自然等への理解を更に深められることができる良書である。稚拙な文章で著者には申し訳ないが、本書を推薦できる機会が得られたことを光栄に思う。

新垣裕治（名桜大学国際学群教授）

はじめに

　沖縄の四季は、京都や東京の季節感とは少しズレがある。沖縄県の梅雨が明けるのは6月中旬から下旬。南から来た温暖な気団に押され、梅雨前線が九州地方に行く。前線が九州にあるのだから沖縄からは居なくなるわけで、九州地方が梅雨に入るということは、沖縄県では梅雨が明け本格的な夏となっている。7月初め、沖縄県は晴天率が最も高いとされ、青空も、輝く海も素晴らしいが、県外の多くの方はそのことに気づかないだろう。なぜかというと本州には雨が降っており、気分が湿りがちだから。また毎日放映されている「全国の雲の動き」の図から、沖縄地方は除外されることが多いから。

　その後、本州から梅雨前線が去り夏になる頃、「夏だ！そうだ海だ！」、「海といえば、憧れの沖縄の輝く海」という流れで、沖縄県のことをようやく思い出すだろう。まことに残念なことに、その頃の沖縄は台風シーズンになろうとしている。日によっては航空機が予定通りにならず、キャンセルや大幅変更になることも出てくる。

　そのようなズレをもう少し理解している方は、「沖縄は亜熱帯だから、冬でも雪は降らないし年中暖かくて花がいっぱい」と説明してくれるかもしれない。沖縄県民も含め、そのような言葉を信じている人も多いが、実際に生活していると、沖縄の冬は寒い。風が強い。曇りが多い。今の若い人たちの言い方をまねると、沖縄の冬は「沖縄感ゼロ」、「沖縄らしくない天気」が続く。

　その時、「沖縄感」、「沖縄らしさ」とは何か？と思う。沖縄のイメージとして画一化され、「亜熱帯」、「エメラルドグリーンに輝く海」などといった従来の言葉で表現された「沖縄の自然」と、実際に感じる自然との間には、ギャップがあることに気づく。

　「沖縄の季節感を、うまく解説した本が見つからない」と、課題を提起してくれたのは沖縄移住したばかりの頃の遠矢英憲上級准教授（名桜大学人間健康学部で野外教育を担当）だった。沖縄の季節情報が、これまでなかったわけではない。多くの本の中で沖縄の季節感は解説されてきた。ただし各々の分野に散在する解説を実体験も踏まえながら、トータルとしてイメージする必要があった。つまりは、一般向けに、全体として整理されていて、納得できる、解りやすい本がない（あるいは少ない？）ということのようだった。

では、私が作りましょうか？と、「お役に立ちたい」とは思うものの、私にそんな知識、経験、実際の技能、資格はあるのだろうか？（著者の苗字をみて「ないちゃー※むんやしが（県外出身者じゃないか）」と思った方もいるでしょう）
※「ないちゃー」は沖縄スラングで「県外から来た人」を意味する蔑称

　私は東京出身だが、1970年代の世田谷では、子供は自然の中で遊んでいた。高校では天文気象部の先輩や友人と交流した。そして「地学」と「生物」の二人の先生に強い指導を受けたため、大学受験で「地学」と「生物」のどちらかを選ぶことができず、「海洋学」という言葉に惹かれ沖縄県に来た。時はバブル時代。主に海やそれに繋がる川などを活動場所とする先生方や、友人たちと過ごした約６年。最終的には「サンゴ礁学講座」に所属し様々なことを学び、楽しんだ。

　社会に出た後、15年もの長きにわたり仕事としたのは、山の自然だった。そこでは琉球大学で学長も務めた故池原貞雄名誉教授はじめ、多くの先生方の熱い直接指導を受けた。

　その間、私の子どもが通う学校の傍らには、海に生える植物群であるマングローブの立派な林があり、PTA活動などを通じて、地域の自然とも深く関わり親しむことになった。また「街にチョウを飛ばそう」という自然豊かな地域づくりの活動にも、ボランティアで関わった。振り返ると沖縄県に移住して、35年にもなっている。そして東京では夢に思えた「豊かな自然体験に基づく子育て」を実践し終え、大学で「沖縄の自然」という名の教養講座を講義する立場になっている。

　2020年春から世の中は、新型コロナウイルス感染予防のため、大きく変わってしまった。大学においてはオンラインでの講義や試験・評価がなされ、そこから多くの課題が出てきた。その中の一つは講義理解、習熟を図るため、予習教材としての「公開教材の充実」だった。遠矢先生指摘の通り「沖縄の自然」に関してトータルで学ぶには、観光パンフレットのようなものはあっても、良い資料を得難く、予習しにくい教養分野と言えた。そんな中、この本は企画された。

　世の中にステイ・ホームが求められていた中、私も巣籠りをして、講義で使用していた画像に加え、さらに多くの画像を発掘しつつ、沖縄の自然の基礎的な知識を整理し、解説を加えていった。

　そこで問題となるのは、沖縄の自然に住み込んでいる生き物は数多く、また多岐にわたること。時代とともに自然認識が変化する場合もあり、研究者間の認識の違いや、多様な意見が出てきているかもしれない。一人の人間の作業だけでは思い違いや、文章表現による語弊なども出てくる危険性がある。

しかし沖縄では多岐にわたる生き物のグループ毎に、得意とする自然愛好家や研究者がいて、人の繋がりがある。今回、幸いなことに生き物のグループのそれぞれについて、新しい情報にも詳しい方々に内容確認や意見交換をお願いしたところ、下に記す多くの方々が、労を惜しまず、快く引き受けてくださった。たいへんお世話になり、また応援の言葉などもいただき、大いに励まされた。「気象・気候」を元沖縄気象台気候調査室長の嶺井政康さん。「星空」を日本宇宙少年団名護分団の米原英樹リーダー。「地質」を沖縄県立中部農林高校の小池隆之先生。「植物」全般を沖縄工業高等専門学校の渡邊謙太博士、沖縄しまたて協会の武村栄子さん。「鳥類」を名桜大学総合研究所の嵩原建二先生。「陸上動物」をおきなわカエル商会の小原祐二さん。「昆虫類」を北山高校夢咲熟の竹原周さん (沖縄いちむし会会員)。「島嶼的河川生物・甲殻類」を沖縄しまたて協会の川上新さん。「マングローブ域」を森の案内人の上野和昌さん。「貝類」を私設資料館・貝と言葉のミュージアムの名和純さん。「黒潮、さんご礁」全体を沖縄美ら島財団の野中正法博士。「マグロ類」を沖縄県海洋深層水研究所の甲斐哲也さん。「さんご礁・海草藻場」をイデア株式会社の内村真之博士。「さんご礁・サンゴ類」を沖縄工業高等専門学校の磯村尚子准教授。さらに全体を株式会社イーエーシーの粂正幸さん、名桜大学国際学群新垣裕治教授。新垣教授には巻頭の言葉もいただいた。

　細川太郎さん、米原英樹さん、仲野勝博さん、宮里武志さん、上原尚子さん、坂下元さん、渡邊謙太博士、環境省、一般財団法人沖縄美ら島財団には画像使用に快諾いただいた。琉球びんがた作家、宮城友紀先生には裏表紙に素晴らしいびんがたを制作していただいた。そして編集・出版に関しては坂本菜津子さんほか新星出版の皆さんに、たいへんお世話になった。

　この本の作成は、たいへんな世の中にもかかわらず、このようにとても幸せな議論の時間と協働作業を経て進行した。

　ところで、この本では沖縄島北部・名護市を中心として、主にその周辺の自然を「沖縄の代表」と位置付けて解説している。この点には是非、注意していただきたい。沖縄県は広大な範囲に島々が散らばる島嶼県で、島々の個性も多様で、沖縄の自然は一括りにはできない。例えば沖縄島と八重山地方では緯度の違いもあり、気候をはじめ自然の様子、自然認識も違う部分がある。これまでに沖縄の自然について出版された本では、那覇を中心とした解説で始まり、内容が名護市周辺であっても、八重山地方であっても、沖縄県の自然として包括してしまい、注意深く場所を示して解説したものが少なかった。

さらにもう一つ。自然は年によって変化するし、生物には個体差がある。従って この本に書かれていることと、読者が感じ取る自然感には相違があるかもしれない。自然や生物のことは、この点を念頭に置いて、自分なりに実物を観察、観測、観望して、この本の空いたところにメモを入れるなどしていただきたい。

　この本が沖縄の自然に関する「入口のとびら」の解説となり、直接的な自然理解、その楽しみや実用の「きっかけ」となることを願う。

2021年 8月　著者

Contents
－ 目 次 －

巻頭言　2
はじめに　3

第1章　沖縄県の風土　7
　　　地理　8
　　　気候　10
　　　地形　11
　　　地質　12

第2章　おきなわ自然カレンダー　15
　　　二十四節気、七十二候　16
　　　立春～穀雨　18
　　　立夏～大暑　30
　　　立秋～霜降　42
　　　立冬～大寒　54

第3章　星空、海と風の暦　67
　　　太陰太陽暦（いわゆる旧暦）　68
　　　暦上の春～暦上の冬　74

第4章　森と河川域　83
　　　照葉樹の森　84
　　　島嶼的河川　90
　　　マングローブ域　96

第5章　黒潮、さんご礁域　103
　　　黒潮の海　104
　　　さんご礁域　110

おわりに　128
参考図書　130
索引　131

■ 本書での表記の約束
本書では新暦（グレゴリオ暦）の日付はアラビア数字。旧暦は漢数字。生物の和名は「カタカナ表記」。方言は「ひらがな表記」（外来語ではないため、また生物名では標準的な和名と区別するため）。地形の「さんご礁」はひらがな表記。生物の「サンゴ」はカタカナ表記。宝石の「珊瑚」は漢字表記。

　現在の沖縄県は、外地（外国の植民地）ではなく占領地でもないため、沖縄県から見て県外の、本州などを指す言葉としてよく使われる「内地」や「本土」という慣用表現を使用しない。

第1章

沖縄県の風土

上から
撮影：2019年7月　沖縄島塩屋湾周辺
撮影：2019年7月　沖縄島辺野古周辺
撮影：2019年7月　久高島
撮影：2019年3月　沖縄島喜屋武岬

地理　沖縄とは？ 東西南北に広大

種子島
屋久島　大隅諸島
奄美大島
徳之島　奄美諸島
沖永良部島
久米島
沖縄島
沖縄諸島
大東諸島
宮古諸島
西表島　石垣島
与那国島
八重山諸島
台湾

「那覇市を東京23区に合わせた沖縄県の島々の位置関係」
赤は沖縄県の島々、青は鹿児島県
黄色線は台湾の海岸線

　沖縄県は南端の小さな県と思われがちだが、北緯24〜28度、東経122〜133度にまたがり、南北約400km、東西1000kmと広大な県である。その広さを理解するため、那覇の位置を東京にあてて本州と重ねてみる。すると宮古諸島は紀伊半島に、八重山諸島は高知県の位置にあたる。

　毎日、テレビニュースの天気予報の中で沖縄県は、「全国の雲の動き」から切り捨てられたり、各地の天気予報図では切り取られ、縮小され北西端に貼付けられたりする。そのため無意識に過小評価されているだろう。

　沖縄県は日本地図上では南西端に位置するためか、辺境のイメージがある。新型コロナウイルス流行の当初、人が密集する都会を避け郊外へ出る「コロナ疎開」という言葉が出て、その疎開先として沖縄県も挙がっていた。とんでもない誤解イメージである。

人口密度

　全国47都道府県のうち、沖縄県は９番目（約638人／km²）の人口密集地で、①首都圏４都県、②関西圏２府県、③愛知県、④福岡県に次ぎ、全国５番目の都市圏といえる。

　さらに県内を見ると例えば沖縄島北部には地形の制約があり、都市は中南部の那覇市周辺に集中する。那覇市の人口密度は約８千人／km²で、愛知県名古屋市（約７千人／km²）、福岡県福岡市（約4.5千人／km²）を上回っている。

都道府県人口密度ランキング

	都道府県	人口密度 （人／km²）
1	東京都	6,355
2	大阪府	4,631
3	神奈川県	3,808
4	埼玉県	1,932
5	愛知県	1,460
6	千葉県	1,217
7	福岡県	1,025
8	兵庫県	650
9	沖縄県	638
10	京都府	560
11	香川県	509
12	茨城県	470

都市集中

　沖縄県総人口約140万人のうち、那覇・浦添・宜野湾の３市で約53万人となっており、約37％を占める。

　自然は人の活動によって変容し、時に消失してきた。沖縄県においても同様である。上述の密集した中に、さらに多くの広大な米軍基地までをも抱え、問題が大きいが、その議論は他に委ねる。

〈都市人口密度〉

那　覇　市　7,951人／km²
浦　添　市　5,931人／km²
宜野湾市　4,972人／km²

（右図：沖縄県のホームページより）

平成3年土地利用図

水田
その他農用地
森林
荒地
建物用地
幹線交通用地
その他の用地
河川湖沼
海浜
G

気候 温暖湿潤気候

　沖縄の県庁所在地、那覇の年平均気温は23.3度。本州などに比べ温暖で、冬でも10度以下の日は少なく、降雪は極めて稀である。ただし「常夏」ではない。

　12～2月は大陸高気圧の縁にあたり、強い北風が吹く曇りや雨の日が多い。一方、5月の最高気温の平均値は27.0度と高く、6月頃からは、太平洋高気圧が広がって真夏日（最高気温が30度以上の日）が多くあり、熱帯夜（最低気温が25度以上の夜）が9月末ごろまで続く。しかし、猛暑日（最高気温が35度以上の日）は稀である。

　年降水量は2161.0ミリで、多くは梅雨期（5～6月）と台風期（8～9月）に降る。7～10月にはしばしば台風が接近する。

　沖縄県の気候は那覇を代表とするが、沖縄県の範囲は広大なため先島地方などでは、若干の差異に注意を要する。

　世界の中緯度地域は全体的に砂漠地帯が多い中、沖縄県は気温の年較差や日較差が小さく、雨が多い。それらは「黒潮」の影響といわれる。

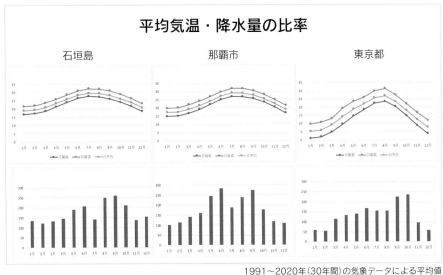

平均気温・降水量の比率

石垣島　　　　　　　那覇市　　　　　　　東京都

1991～2020年（30年間）の気象データによる平均値

植生を基に考案されたケッペンの気候区分では温帯の「温暖湿潤気候」に含まれる。気団の年変化を基としたアリソフの気候区分では「亜熱帯海洋性気候」となる。その際、アリソフの気候区分では本州の南半分、四国・九州も亜熱帯とされている。

地形 高島と低島

　沖縄県は160もの大小さまざまな個性豊かな島々から成る。それらは地形・地質の観点から、起伏の大きな山地・丘陵地がある「高島」と、低平な「低島」の2つのタイプに分けられる。

　高島には沖縄島北部、久米島、石垣島、西表島、与那国島などがある。県内で最も高い山は石垣島の於茂登岳で526m。次に沖縄島の与那覇岳で503mなどとなっている。このタイプの島には発達した河川がある。

　低島には沖縄島中南部、伊江島、宮古諸島、竹富島、大東諸島などがある。このタイプの島には川が無い島もあり、生活水を天水や地下水、あるいは送水に頼っている。

　このように、沖縄県は個性豊かな島々の連なりで、沖縄の自然のイメージを一括りにはできない。

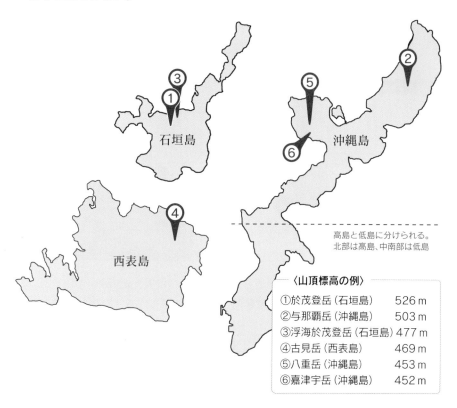

高島と低島に分けられる。
北部は高島、中南部は低島

〈山頂標高の例〉

①於茂登岳（石垣島）	526m
②与那覇岳（沖縄島）	503m
③浮海於茂登岳（石垣島）	477m
④古見岳（西表島）	469m
⑤八重岳（沖縄島）	453m
⑥嘉津宇岳（沖縄島）	452m

地質 古期岩類と琉球石灰岩

撮影：2018年6月
中生代の地層(本部町)

沖縄島

北部は高島
中南部は低島

アンモナイト化石

撮影：2017年5月
嘉陽の褶曲(名護市)

石灰岩
他の岩石

10km

　地形と地質（岩石）は、よく関連している。高島は第三紀（約6600〜260万年前）以前の古期岩類（火山岩、堆積岩、変成岩）から成る。低島は主に第四紀更新世（約260〜2万年前）に形成された琉球石灰岩から成る。沖縄島はこの高島（北部）と、低島（中南部）が中部で繋がった島である。

　沖縄島北部は太平洋側から圧力を受けており、長い年月を経て、おおよそ西に古く、東に新しい地質が連なるように分布している。

例えば西に位置する本部町では、中生代（約２億5000〜6600万年前）の示準化石のアンモナイト化石を含有する地層が見られる。

　一方、名護市の東海岸では約4000万年前ごろに形成された嘉陽層と呼ばれる砂岩や泥岩の層の「褶曲」が見られる。

※本部町アンモナイトは県の、嘉陽の褶曲は国の、文化財（天然記念物）に指定され、保護の対象となっている。

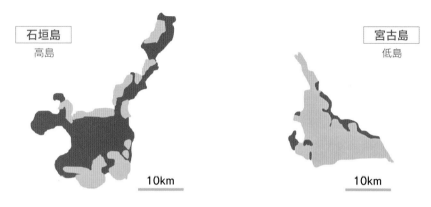

参考図書③を参照し、作図

　低島の島々では、琉球石灰岩が雨水を透過するため地表の河川が発達せず、地下水脈が発達し、鍾乳洞などがある。琉球石灰岩は今よりも海面が高く、低島が海面下に沈み浅海にあった時代に、「さんご礁」が発達することにより形成された。さんご礁は生き物が作るため、低島の多くは生き物が作った地形とも言える。

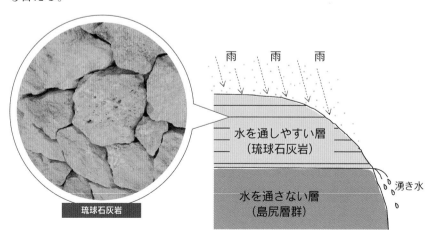

Column

横書きの沖縄俳句

春

● 立春・雨水（おおよそ2月）

雄大なる地球の証　クジラ来る（2020年）

念願の転勤かない　さくら咲く

（2020年・遠距離恋愛の長女、彼氏の街へ）

春雨の首里　御城下の夢会議

（2020年・県蝶「オオゴマダラ」制定祝賀会の会議）

全力で生きて　跳ねたる　鯨かな（2021年）

もう母か！　我が娘の頬よ　さくらいろ（2021年・長女の出産）

● 啓蟄・春分（おおよそ3月）

春めいて　「紅ほっぺ」のプリプリの赤（2020年・イチゴ狩り）

※「紅ほっぺ」はイチゴの品種名

春風の　初顔合せ　孫二人（2021年・長男の子と長女の子の交流会）

● 清明・穀雨（おおよそ4月）

春疾風　自粛の窓の　ガラス打つ（2020年）

マスク縫い　風に揺れたる　春の草（2020年）

第2章
おきなわ自然
カレンダー

二十四節気、七十二候

　太陽が地平からどこまで上がるか測った角度（太陽高度）や、日出から日没までの時間（昼間）の長さの変化には、一定の周期性がある。その周期を「1年」と決めると、1年は約365日である。

　そして太陽の高度が高い時期は日射角度が大きく、昼間の時間が長い。日射角度が大きいと単位面積当たりの熱量が多くなり、日照時間も長いから地上の温度は上がる。太陽高度が最も高く昼が長い日は6月21日ごろで、「夏至」という。最も気温が高く、暑い時期は夏至の約1か月後ごろにくる。

　また逆に、太陽の高度が低い時期は日射角度が小さく、昼間の時間が短い。単位面積当たりの熱量は少ないから地上の温度は低い。太陽高度が最も低く昼が短い日は12月22日ごろで、「冬至」という。最も気温が低く、寒い時期は冬至の約1か月後ごろにくる。

　冬至と夏至のちょうど中間の日を「春分」とし、反対に夏至と冬至の中間を「秋分」としている。これらの日は暑くも寒くもない過ごしやすい時期であり、日本ではそれぞれ国民の祝日となっている。

　春分、夏至、秋分、冬至は、このように1年の中の春夏秋冬の変化を認識する重要な目印となる。これらの言葉は二十四節気の言葉であり、古代に中国から日本へ伝わった。古くはこれらを含め1年の中に12の節（節気）と12の気（中気）を目印としたようで、合わせて「二十四節気」としている。

　二十四節気は、厳密に天文学的に地上から観測される「太陽の運行」に基づいて定義されるので、太陽暦である現在のカレンダー（グレゴリオ暦：もう改暦から150年近く経つのに新暦ともいう）と、よく整合し、季節の「物差し」となる。そして二十四節気の言葉は、現在のカレンダーにも、よく記載されている。

表1：二十四節気

	気（中気）	節（節気）	気（中気）	節（節気）	気（中気）	節（節気）
暦上の **春**	立春 2月3日ごろ	雨水 2月18日ごろ	啓蟄 3月5日ごろ	春分 3月20日ごろ	清明 4月4日ごろ	穀雨 4月20日ごろ
暦上の **夏**	立夏 5月5日ごろ	小満 5月21日ごろ	芒種 6月5日ごろ	夏至 6月21日ごろ	小暑 7月7日ごろ	大暑 7月22日ごろ
暦上の **秋**	立秋 8月7日ごろ	処暑 8月23日ごろ	白露 9月7日ごろ	秋分 9月23日ごろ	寒露 10月8日ごろ	霜降 10月23日ごろ
暦上の **冬**	立冬 11月7日ごろ	小雪 11月22日ごろ	大雪 12月7日ごろ	冬至 12月22日ごろ	小寒 1月5日ごろ	大寒 1月20日ごろ

しかし「夏至」や「冬至」といった言葉は、近年の学習指導要領下では中学三年生の段階になってようやく習う「受験用語」であるようだ。一般の子どもたちの生活では使わない言葉のようである。

　「太陽の運行」の年変化は地上からの見た目の現象で、実際は地球が太陽の周りを回ること（公転）により起こる。そのため「地球の公転」を習うまでは、夏至や冬至さえ習わないとのこと。

　また一方で近年では、二十四節気の言葉を旧暦で使う言葉として捉え、「旧暦を見直し、かつての自然に即した季節感を見直そう」という流行もある。旧暦とは「月の満ち欠けを基準にひと月の始まりの日と長さを定義し、1年の太陽の運行周期との日数のズレを、二十四節気を使い閏月を入れて調整する暦」である。新旧の暦における「月」の定義の違いを理解せずに、数字の月の名前に惑わされると、季節感を誤ってしまう。

　また、閏月を入れることなどにより様々な複雑性やズレが生じるため、一般人には簡単に理解できない部分が多い。（旧暦については沖縄では日常的に使っているので、詳しく後述する。）

　二十四節気は太陽暦そのものなので、当然だが明確に季節性と合っている。その点は、月の日数がバラバラな現在のカレンダーよりも優れているだろう。**そこで二十四節気は（お月さまの暦の）「旧暦」とは、いったん切り離して理解したほうが良い。**

　二十四節気は中国の黄河地方で作出されたと伝えられている。そのため、中には「霜降」や「小雪」といった言葉がある。例えば沖縄の場合、気温が高いために、霜や雪とは縁がない。言葉の意味をそのままに用いようとすると、二十四節気は沖縄の実際の季節感には、明らかに合致しない。それでも沖縄では「『清明』には、墓参り」、「『小満』『芒種』のころは、梅雨期」、「『寒露』には鷹（サシバ）が渡る」、「『冬至』には、ジューシーを食べる」というように言い習わされた言葉がある。このように、二十四節気の名前を「1年の中のある時期につけられている名前（記号）」として考えて、自然現象や生活行事と結び付けていけばよい。

　実際に自然の季節変化を敏感に感じる必要がある農業や漁業に携わる人たちは、二十四節気の言葉を生活に密着した、季節を捉える基準や「ものさし」（「分度器の目盛」の方が適切かもしれない）として使っている。このように二十四節気は、きわめて役に立つ、非常に有効なカレンダーである。

　さらにひとつの節気は「初候」「次候」「末候」の3つ、約5日ずつ細分にされて、1年は七十二候となり、季節変化の兆候を敏感に捉える基準となる可能性がある。

2月3日〜2月17日ごろ（太陽黄経315°）
暦のうえで春がはじまる。春の気配が感じられ、寒さは峠を越える。

本州ではいちばん寒いころのようだが、沖縄では暖かさを感じはじめる。

撮影：2021年3月　本部近海　ブリーチ（ジャンプ）

ザトウクジラの回游
　北極海に近いベーリング海から7000km以上を南下。交尾や子育てに来るといわれる。
　浅い海を好み「ブリーチ」や「スラップ（水面を打つ）」など、遊びのような様々な動作を見せる。
（関連p.108、p.109）

撮影：2021年1月　伊江島沿岸　潮吹き（晴天時は虹となる）

初候　　　　　　　　　　　　　　　　　　次候

| 2/3 | 2/4 | 2/5 | 2/6 | 2/7 | 2/8 | 2/9 | 2/10 |

撮影：2021年2月　伊江島近海
ゆっくり泳ぐ親子クジラ
左は母親、右は仔クジラ。
大きさは親：約12〜15m。
子ども：約4m。

撮影：2020年1月
赤ちゃんクジラの
ブリーチの練習？

トックリキワタの実（移入）

【アオイ科】〔花：9〜1月〕
南米原産。庭園花木、街路樹。
4月に実が開き、綿が舞う。
(関連p.51)

撮影：2017年2月　名桜大学

末候

2/11　2/12　2/13　2/14　2/15　2/16　2/17

<ruby>雨水<rt>う　すい</rt></ruby>

2月18日～3月4日ごろ （太陽黄経 330°）
雪が雨に変わるころという意味のようだ。

沖縄では雨水がぬるみ、草木が芽を出す。

撮影：2017年3月　名護

スダジイの新緑
【ブナ科】
亜種オキナワジイとする
場合もある。やんばるの
森では高木層の優占種。
別名：イタジイ
国頭村の「村の木」。
(関連p.53、p.84)

タブノキの新芽
【クスノキ科】
やんばるでは様々な木や
草が、紅い芽や葉を春に
出す。

撮影：2017年3月　名護

初候　　　　　　　　　　　　　　　　　　　　　　次候

2/18　　2/19　　2/20　　2/21　　2/22　　2/23　　2/24　　2/25

アオバナハイノキの花
【ハイノキ科】〔花：3〜4月〕
珍しい青い花。沖永良部島
以南に生育。

撮影：2016年3月
名護

リュウキュウハナイカダの花
【ハナイカダ科】〔花：11〜3月〕
葉上の中央脈上に花が咲く。花が筏
にのっているとみたてられた名前。
奄美大島〜沖縄島に固有。
(関連p.86)

撮影：2021年2月
名護　（雄花）

ジャコウアゲハ
【アゲハチョウ科】
前翅長：約50mm。早春から、ゆっ
たりと舞い翔ぶチョウ。写真の
蜜源はエゴノキの花。
(関連p.65)

撮影：2021年2月
名護

末候

2/26　2/27　2/28　3/1　3/2　3/3　3/4

啓蟄

3月5日〜3月19日ごろ（太陽黄経345°）
冬ごもりしていた虫が出て来るころという意味のようだ。

沖縄で冬眠をする生き物は知られていないが、春からは生き物が活発になる。

撮影：2019年3月　東村

撮撮影：2019年3月　東村

東村つつじ祭りのツツジ
【ツツジ科】東村の「村の花」。

　東村のつつじエコパークには様々な品種のツツジが、数多く植栽されており、3月に賑わいを見せる。

　左の写真は「曙（あけぼの）」という園芸品種。

初候　　　　　　　　　　　　　　　　　　　　次候

3/5　　3/6　　3/7　　3/8　　3/9　　3/10　　3/11　　3/12

撮影：2020年3月　名護　羽地

イネの田植え（一期作目）
【イネ科】沖縄島の稲作は二期作。
一期作目は3月上旬ごろに田植え
し、6月下旬ごろ収穫となる。八
重山諸島では、さらにひと月早い。
（関連p.35、p.43、p.53）

撮影：2019年3月　国頭

ヘビのぬけがら（種は不明）
暖かくなると動物の動きが活発
になる。ヘビも同様。（但し、冬
眠するわけではない）

コモウセンゴケの花
【モウセンゴケ科】〔花：3～8月〕
食虫植物。赤土の裸地斜面など
に生育する。

撮影：2020年3月　名護

末候

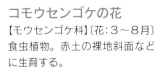

3/13　3/14　3/15　3/16　3/17　3/18　3/19

春分
しゅんぶん

3月20日〜4月3日ごろ（太陽黄経0°）
昼の長さがほぼ同じになるころ。

海洋博公園のオキちゃん劇場イルカショー

撮影：2018年3月　本部

撮影：2017年4月　名護（栽培）

シークヮーサーの花
和名：ヒラミレモン【ミカン科】
〔花：3月〕花には芳香がある。
方言：しーくゎーしゃー「酸を
食わすもの」の意。大宜味村の
「村の花」、「村の木」。
（関連p.46、p.62）

初候

次候

3/20　3/21　3/22　3/23　3/24　3/25　3/26　3/27

コガネノウゼンの花（移入）

【ノウゼンカズラ科】
〔花：２～４月〕南米原産。庭園
花木。落葉樹。方言：いぺー

撮影：2016年４月
名護　羽地

サシバ　― 春の渡り ―

【タカ科】約50㎝
鳴声：ピックイー　冬鳥・旅鳥
沖縄で冬を過ごしたサシバも、もっ
と南へ行ったサシバも、春には北に
向かう。本州で営巣するサシバもい
る。サシバは本州では夏鳥。

（関連p.51）

撮影：2016年３月
名護　羽地

ムナグロ　― 春の渡り ―

【チドリ科】約25㎝
鳴声：キョピッ、キョピッ
冬鳥・旅鳥
（関連p.55）

撮影：2018年３月
名護　屋我地

末候

3/28　3/29　3/30　3/31　4/1　4/2　4/3

清明

<ruby>清明<rt>せいめい</rt></ruby>

4月4日〜4月19日ごろ（太陽黄経 15°）
清浄明潔。明るく清らかで、生き生きとするころとされる。

沖縄では「しーみー」と言う。お墓参りをする。

名護城公園から名護市為又を臨む　奥には嘉津宇岳。空は少しかすむ。
撮影：2016年4月　名護

撮影：2019年4月　名護（植栽）

カンヒザクラの実
【バラ科】
〔花：1〜2月、実：3〜4月〕
1月に全国一早く春を告げるとされる桜は、4月上旬ごろに結実する。味は渋いとされている。
別名：ヒカンザクラ
（関連p.54、p.63、p.64）

初候　　　　　　　　　　　　　　　　　次候
4/4　　4/5　　4/6　　4/7　　4/8　　4/9　　4/10　　4/11

イルカンダの花
【マメ科】〔花：4月〕
つる性。幻の花ともいわれるが、開
花は珍しくは無い。
別名：クズモダマ
方言：うじるかんだ
「太い弦（つる）のカズラ」の意。沖縄
の楽器「三線」のうーじる。

撮影：2016年4月
名護

ギーマの花
【ツツジ科】〔花：3～5月〕
下向きに可愛い花が咲く低木。
奄美以南に分布。
別名：ギイマ
方言：ぎーま
（関連p.55）

撮影：2017年4月
名護（植栽）

クメノサクラの花
【バラ科】〔花：3～4月〕
沖縄にも3～4月咲きの桜がある。
沖縄諸島の久米島から知られるよう
になったが、由来などについては今
後の研究が待たれる。

撮影：2017年4月
名護（植栽）

末候

4/12　4/13　4/14　4/15　4/16　4/17　4/18　4/19

穀雨
こくう

4月20日〜5月4日ごろ（太陽黄経 30°）

穀物をうるおす雨の意味と伝わるが、どの穀物なのかは不明。

沖縄島の稲作では、3月中旬までに一期作目の田植えは終わっている。

羽地ダム公園の鯉のぼり

撮影：2017年5月　名護　羽地

撮影：2017年5月　名護　屋我地（植栽）

ゲットウの花（移入）

【ショウガ科】〔花：4〜6月〕
台湾〜熱帯アジア原産。
葉には抗菌作用、芳香あり。旧暦
十二月八日に、こねた餅粉を葉に
包み、蒸して「かーさーむーちー」
を作る。
方言：さんにん（関連p.81）

初候　　　　　　　　　　　　　　　　次候

4/20　4/21　4/22　4/23　4/24　4/25　4/26　4/27

撮影：2017年4月　大宜味（植栽）

デイゴの花 (移入)
【マメ科】〔花：4～5月〕
インド原産。沖縄県の花
古い時代に移入された庭園花
木、街路樹。よく咲く年は台風
が来るともいわれる。

撮影：2019年5月　名護　屋我地

イワサキクサゼミ
【セミ科】全長：20～23mm
鳴声：ジージー
春のセミ。最も早い時期に出現。
日本最小。

ナンゴクネジバナの花
【ラン科】〔花：3～4月〕
芝生の中に、10～15cm程度。
雄ネジのように巻きながら花
が付く。

撮影：2017年4月
名護

末候

| 4/28 | 4/29 | 4/30 | 5/1 | 5/2 | 5/3 | 5/4 |

立夏
りっか

5月5日～5月20日ごろ（太陽黄経45°）
暦のうえで夏がはじまる。夏の気配が感じられる。

暑さを感じる日がしだいに出てくるが、体はまだ暑さに慣れない。

祖アダム像　撮影：2020年5月　名桜大学（栽培）

テッポウユリの花
【ユリ科】〔花：4～5月〕
琉球原産。固有種。多くの園芸品種に改良されている。
名護市の「市の花」。

撮影：2017年5月　大宜味

ヤマモモの実
【ヤマモモ科】〔実：4～5月〕

初候						次候	
5/5	5/6	5/7	5/8	5/9	5/10	5/11	5/12

イジュの花

【ツバキ科】〔花：4～5月〕
梅雨期に咲く、やんばるを
代表する花。奄美大島～与
那国島に固有。国頭村の「村
の木」。

撮影：2017年
名護　羽地

ノグチゲラの子育て

【キツツキ科】全長約30cm。
左はオス（頭頂が赤）
右はメス（頭頂が茶）
やんばる固有種。国の特別天然記
念物。沖縄県の「県の鳥」、東村
の「村の鳥」。

（関連p.88）

名護市東海岸で急速に発生した
層雲・乱層雲。沖縄の天気はと
ても変わりやすい。

撮影：2017年5月
名護　久志

末候

| 5/13 | 5/14 | 5/15 | 5/16 | 5/17 | 5/18 | 5/19 | 5/20 |

小満
しょうまん

5月21日〜6月4日ごろ（太陽黄経60°）
すべてが成長して、天地に満ち始めるころという意味のようだ。

沖縄では梅雨のしとしと雨が続くころ。

沖縄では「すーまん」と言う。芒種と合わせ、梅雨期を「すーまんぼーすー」と呼ぶ。

山地の低い雲。暖かい樹上に雨が降り、その後発生した霧状の雲。湿度が非常に高い

撮影2016年5月　国頭

ナゴランの花
【ラン科】〔花：5月〕
花には芳香あり。

撮影：2019年5月名護（植栽）

シイノトモシビタケの発光
撮影2015年5月　名護

初候					次候		
5/21	5/22	5/23	5/24	5/25	5/26	5/27	5/28

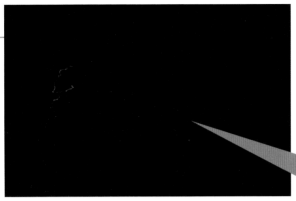

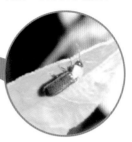

オキナワスジボタル

【ホタル科】
全長6.6〜7.3mm。
光は点滅しない。幼虫は水中生活しない（陸生）。
方言：じんじん（混称）

撮影：2017年6月　名護　羽地

クロイワボタル

【ホタル科】
全長4.3〜5.5mm。
光は点滅する。幼虫は陸生。

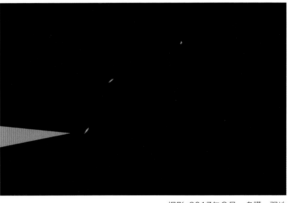

撮影：2017年6月　名護　羽地

オキナワマドボタルの
幼虫 (左)

【ホタル科】全長25mm 程。
幼虫が発光する。

タテオビフサヒゲボタルの
幼虫 (右)

【ホタル科】全長30mm 程。
幼虫が強く発光する。

撮影：2017年6月　名護（左右2点とも）

末候

5/29　　5/30　　5/31　　6/1　　6/2　　6/3　　6/4

芒種
（ぼうしゅ）

6月5日〜6月20日ごろ（太陽黄経 75°）

稲のような芒（のぎ）のある穀物を植えるという意味とされるが、現代の日本の稲作とはそぐわない。

沖縄では梅雨の激しい雨が降るころ。

沖縄では「ぼーすー」と言う

激しい雨

この時期は梅雨の盛りで、時としてバケツをひっくり返したような集中豪雨となる。太平洋高気圧の縁辺から流入する暖かく湿った空気がその要因。

撮影：2020年6月
名護

コバノミヤマノボタンの花

【ノボタン科】〔花：6〜7月〕
沖縄島固有。
（関連p.87）

撮影：2015年6月
名護

リュウキュウヤマガメ 成体

【イシガメ科】

最大約15cm前後。国指定天然記念物。
（関連p.88）

幼体
甲羅の下縁が
ギザギザ

撮影：2017年6月　国頭

撮影：2017年6月　国頭

初候　　　　　　　　　　　　　　　　　　次候

6/5　　6/6　　6/7　　6/8　　6/9　　6/10　　6/11　　6/12

収穫前のイネ（一期作目）

この時期の大雨は、イネを
倒伏させる。沖縄島では6
月下旬には一期作目の収穫
となる。

（関連p.23、p.43、p.53）

撮影：2020年6月
名護　羽地

バンの子育て

【クイナ科】留鳥
バンは水田やその周辺で巣作りや子
育てをしている。子どものバンはヤ
ンバルクイナにもよく似ている。

方言：くみらー

（関連p.43、p.57）

撮影：2018年6月
名護　屋部

ベニアジサシの飛来　【アジサシ科】夏鳥。6000km南から営巣に来る。着いたばかり
の時の嘴は黒色。（関連p.39）　　撮影：2016年6月　名護　屋我地

末候

6/13　6/14　6/15　6/16　6/17　6/18　6/19　6/20

夏至

げし

6月21日〜7月6日ごろ（太陽黄経90°）
昼の長さが最も長くなる。

沖縄は九州より早く梅雨明けとなる。

沖縄では「かーち」と言う。強い風が吹く日があり、夏至南風（かーちべー）と呼ぶ。

夏の海　梅雨明けの後、海はターコイズブルーに輝く。一年で一番、海の輝きが美しい時期。
日射角度が大きく、日差しが強いが、南風が心地よい。　撮影：2016年7月　名護　屋我地

ゴールデンシャワーの花（移入）
和名：ナンバンサイカチ
【マメ科】〔花：7〜9月〕インド原産。

撮影：2018年6月　名護　羽地（植栽）

撮影：2012年6月

アカショウビン
【カワセミ科】夏鳥
朝夕「キョロロロー」と鳴く。
光を反射している窓に飛んで
来て、ぶつかることが多い。

初候 ●━━●━━━●━━━●━━━●━━━●　次候 ●━━━●━━━●
6/21　6/22　6/23　6/24　6/25　6/26　6/27　6/28

オオハマボウと夏の雲
（積雲）
オオハマボウの花
【アオイ科】〔花：6〜8月〕
海岸近くに生育する。
方言：ゆうな、
　　　ゆーなぎ
（関連p.112）

撮影：2017年6月　名護　屋我地

アダンの実
【タコノキ科】
〔花：6〜8月、実：8〜11月〕
葉に鋭いトゲがある。パイナップル
ではない。
（関連p.112）

撮影：2018年6月
本部

上空から見た
片降りの雲
（積雲・積乱雲）

4か所で局所的に降って
いるのがわかる。沖縄島
北部西海岸で、右手前の
島は古宇利島。左が北、
右が南。天気予報は「所
によって雨」。片降りは
沖縄独特の表現。「にわ
か雨」のこと。

撮影：2016年6月　沖縄島の西を通る航空機より

末候

6/29　6/30　7/1　7/2　7/3　7/4　7/5　7/6

<ruby>小暑<rt>しょうしょ</rt></ruby>

7月7日～7月21日ごろ（太陽黄経105°）
暑さが始まるころの意味のようだ。本州ではタカの子が巣立ち準備。

沖縄では暑さが本格的になる。

沖縄美ら海水族館からの眺め

撮影：2020年7月　本部

この時期、最も晴天率が高いといわれている。

サンダンカの花（移入）
【アカネ科】〔花：5～1月〕
中国南部、マレーシア原産

撮影：2017年7月　名護　屋我地（植栽）

バナナの実
【バショウ科】〔実：8～10月〕
写真はまだ青いバナナ

撮影：2017年7月　名護　屋我地（栽培）

初候　　　　　　　　　　　　　　　　　　　次候

7/7　　7/8　　7/9　　7/10　　7/11　　7/12　　7/13　　7/14

アセロラの実（移入）
【キントラノオ科】〔実：3〜11月〕
西インド諸島〜熱帯アメリカ原産

撮影：2017年　名護　屋我地（栽培）

クマゼミ　撮影:2016年7月　名護　屋我地
【セミ科】全長60〜67mm
鳴声：シャンシャンシャンシャン
夏のセミ。騒がしい。
方言：さんさなー

海遊び

撮影：2017年7月
名護　屋我地

ベニアジサシの抱卵
【アジサシ科】夏鳥
5月下旬から来て営巣する。
抱卵するころの嘴の色は赤。
尾羽を立てるのは抱卵の証。
（関連p.35）

撮影：2017年7月
名護　屋我地

末候

7/15　　7/16　　7/17　　7/18　　719　　7/20　　7/21

大暑

たいしょ

7月22日〜8月6日ごろ （太陽黄経 120°）

最も暑いころという意味のようだが、本州では最も暑い時期は8月上旬。

沖縄でも最も暑さが厳しく感じられるころ。

遠浅の海　夏の雲（積雲） 日差しは強い

撮影：2017年7月　名護　屋我地

死亡例あり

撮影：2017年7月　名護　屋我地　水中撮影

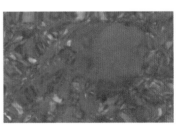

ハブクラゲの発生

【ハブクラゲ科】触手に触れると、毒針に刺され、とても痛く、ミミズ腫れになる。触手は長く1.5ｍ程になることも。(関連p.119)

撮影：2017年7月　名護　屋我地　水上より

初候

7/22	7/23	7/24	7/25	7/26

次候

7/27	7/28	7/29

川遊び

撮影：2017年7月　国頭

滝の水しぶき

撮影：2018年7月　国頭

フトモモの実（逸出）
【フトモモ科】〔実：6～7月〕
インド原産。東南アジアで広
く栽培。古い時代に移入され
野生化。由来不明。熟すと芳
香あり。甘みがある。

撮影：2017年7月　国頭

末候

| 7/30 | 7/31 | 8/1 | 8/2 | 8/3 | 8/4 | 8/5 | 8/6 |

立秋
りっしゅう

8月7日〜8月22日ごろ（太陽黄経135°）
暦のうえで秋が始まる。秋の気配が感じられ、暑さは峠を越える。

本州では最も暑いころのようだが、沖縄では台風通過のたびに涼しさを感じる。

日本の台風予報では台風中心の上陸にとらわれがちだが、「中心気圧」と「影響範囲」に注目したい。中心気圧は強さに直結している。また台風は南東に長く雲ができるので、中心がそれて西側を通過した時に、雨の影響は最も長い。

雨の後は流れが速い
撮影：2019年8月　国頭

ツルランの花
【ラン科】〔花：7〜8月〕

撮影：2019年8月　国頭

初候　　　　　　　　　　　　　　　　　　　次候

8/7　　8/8　　8/9　　8/10　　8/11　　8/12　　8/13　　8/14

イネの田植え（二期作目）
【イネ科】台風接近の際は水位を上げて倒伏を防ぐ。
(関連p.23、p.35、p.53)

撮影：2019年8月　名護　屋部

バンの卵と雛
【クイナ科】イグサ田の中で。年に数回産む？
(関連p.35、p.57)

撮影：2019年8月　名護　屋部

ホウオウボクの花（移入）
【マメ科】〔花：6～9月〕
マダガスカル原産。
公園花木、緑陰木。

撮影：2020年8月　名桜大学（植栽）

ハイビスカスの花（移入）
和名：ブッソウゲ【アオイ科】〔花：年中〕インド・中国南部原産。沖縄を代表する花木。渡来は16世紀ごろとされる。真っ赤な花は「常夏の島」のイメージを醸し出す。冬の花は色がくすむ。

撮影：2019年8月
名護　羽地（植栽）

末候

8/15　8/16　8/17　8/18　8/19　8/20　8/21　8/22

処暑
しょしょ

8月23日〜9月6日ごろ（太陽黄経 150°）
暑さが収まるころという意味のようだ。残暑お見舞いのころ。

沖縄は、台風シーズン。予定の通りにはなりにくい。

台風を避け羽地内海に停泊する船舶。手前は羽地、真ん中は屋我地島　　撮影：2019年9月　名護

台風接近後濁る海

撮影：2019年8月　名護　屋我地

初候					次候		
8/23	8/24	8/25	8/26	8/27	8/28	8/29	8/30

撮影：2012年9月　名護　屋我地

台風は大きな災害となりうる自然現象だが、沖縄県民にとっては、命の水をもたらし、恵みの雨ともなる。

また海では、台風によって表面近くの高温海水と、深い海の低温海水が混じり合うことで、表面海水温が下がる。高温が続くと浅い海にいるサンゴの多くは白化現象を起こすため、海水温が下がることは、このようなサンゴにとって必要不可欠である。浅い海のサンゴに台風は、無くてはならない存在ともいえる。

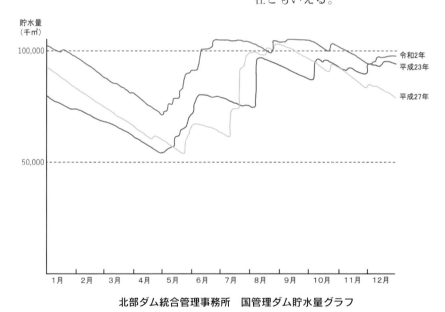

北部ダム統合管理事務所　国管理ダム貯水量グラフ

（北部ダム統合管理事務所ホームページを参照し作図）

過去のデータから昨年とその5年前、約10年前の3つを抽出した。

白露
はくろ

9月7日～9月22日ごろ（太陽黄経165°）
白く輝く露が草に宿るという意味のようだ。秋の趣きが高まる。

沖縄ではまだ気温は高いが、風の涼しさに秋への意識が高まる。

秋晴れの海 洋上には秋型の扁平な積雲が見える

撮影：2018年9月　本部

撮影：2016年9月　名護　屋部

シークヮーサーの収穫
和名：ヒラミレモン【ミカン科】
沖縄県民は刺身を醤油に浸けて食べる際に少し絞るなど、レモンのような使い方をするので、酸っぱいままを好む傾向がある。
(関連p.24、p.62)

初候　　　　　　　　　　　　　　　　　　次候

9/7　　9/8　　9/9　　9/10　　9/11　　9/12　　9/13　　9/14

クイナの日（9月17日）

ヤンバルクイナの日として、語呂合わせで9月17日と定められている。ヤンバルクイナは警戒心の強い鳥だが、施設では自然な動きを見せる。

撮影：2018年　国頭

ヤンバルクイナ生態展示学習施設ではヤンバルクイナの生体を見ることができるほか、飛べない理由なども展示パネルから学習できる。

ヤンバルクイナ

【クイナ科】全長：約30cm
1981年に新種となった美しい鳥。飛べないが、眠る際には木に登る。やんばる固有種。国指定天然記念物。(関連p.89)

ハシカンボクの花

【ノボタン科】〔花：8～12月〕
路傍の斜面によく咲く。屋久島以南に分布。

撮影：2020年9月　名護

コノハチョウ

【タテハチョウ科】前翅長：約50mm
枯葉に似ており擬態の例としてよく知られる。開翅すると金属光沢の紺地に、橙色の帯が目立つ。沖縄県指定天然記念物。名護市の「市の蝶」。(関連p.87)

撮影：2017年7月　名護　屋部

末候

9/15　9/16　9/17　9/18　9/19　9/20　9/21　9/22

秋分
しゅうぶん

9月23日〜10月7日ごろ（太陽黄経180°）
昼夜の長さがほぼ同じになるころ。

沖縄では北風がしっかりと吹く日がある。その風を「新北風（みーにし）」と呼ぶ。

アカハラダカの群れ　名護岳から辺野古方面を見る。　　撮影：2020年10月　名護

撮影：2017年10月　名桜大学

キセキレイ
【セキレイ科】全長：約20cm
鳴声：チチン、チチン
冬鳥。長い尾羽を上下によく
振る。腹は黄色。

初候　　　　　　　　　　　　　　　　　　次候

9/23　　9/24　　9/25　　9/26　　9/27　　9/28　　9/29　　9/30

アカハラダカの鷹柱

撮影：細川太郎
2020年9月　名護

アカハラダカの渡り

【タカ科】全長：約30cm
鳴声：キィーキィー
旅鳥。大きな群れとなって南に渡る。時には何百もの群れで旋回し「鷹柱（たかばしら）」をつくる。

撮影：2020年10月　名護
上は成鳥　左は幼鳥

フタオチョウ

【タテハチョウ科】
前翅長：約50mm（メス）
樹液を餌とする。普段は高い所にいて、貴婦人とも呼ばれる。写真のように一般人の前に現れることは珍しい。国内では主に沖縄島のみに生息。
沖縄県指定天然記念物。今帰仁村の「村の蝶」。(関連p.86)

撮影：2017年9月
名護　屋我地

末候

○　　○　　●　　○　　○　　○　　○
10/1　10/2　10/3　10/4　10/5　10/6　10/7

寒露
<small>かん ろ</small>

10月8日〜10月22日ごろ（太陽黄経 195°）
冷たい露が結ぶころという意味のようだ。本州では雁が渡来。

沖縄では、朝夕の涼しさが増し、人里にも鷹が姿を現す。

撮影：細川太郎　2019年10月　名護

秋の「朝霧」(放射霧)
雲の上の大学 (名桜大学)
名護岳山頂から為又方面を見る。名護市街地はすっかり霧の中に包まれてしまっている。

撮影：2017年10月　名護　屋我地

白さぎ類の渡り
ダイサギ【サギ科】
全長：約90cm
冬鳥。嘴は黄色。
方言：さーじゃー（混称）

初候　　　　　　　　　　　　　　　　　　　次候

10/8　　10/9　　10/10　　10/11　　10/12　　10/13　　10/14　　10/15

撮影：2019年10月　名護（左）
撮影：2019年10月　名護　羽地（右）

サシバ ― 秋の渡り ―　【タカ科】全長：約50cm
鳴声：ピックイー
冬鳥・旅鳥。秋に北から南へ渡る。「寒露に鷹が渡る」と沖縄で
は一般にもよく知られている。沖縄で冬を越すサシバを「落ち鷹」
と呼ぶ。(関連p.25)

オオシマゼミ
【セミ科】
全長：48～54mm
鳴声：ケーンケー
ン
秋のセミ。最も遅
い時期に出現。11
月まで。

クロイワツクツク
【セミ科】
全長：40‥47mm
鳴声：ジーワジー
ワジリジリ
秋のセミ。
方言：じーわ

トックリキワタの花（移入）
【アオイ科】〔花：9～1月〕南米
原産。公園花木。1960年代に
沖縄へ移入。秋から冬に花盛り。
俗称：南洋ざくら
(関連p.19)

撮影：2017年10月
名護

末候

10/16　10/17　10/18　10/19　10/20　10/21　10/22

そうこう
霜降

10月23日～11月6日ごろ（太陽黄経 210°）
霜が降りるころという意味のようだ。日本での初霜は北と南で大きく違う。

気温の高い沖縄では霜は降りないが、北風を避ける服装が必要となる。

撮影：2016年11月　名護　羽地

撮影：2017年11月　名桜大学

ススキの穂
【イネ科】本州では9月の月見のころに穂をつけるススキが、沖縄では10月下旬ごろとなる。かつては茅（かや）と呼ばれた。

ハクセキレイ
【セキレイ科】
全長：約20cm。冬鳥。長い尾羽を上下によく振る。腹は白色。

初候　　　　　　　　　　　　　　　　　次候

10/23　10/24　10/25　10/26　10/27　10/28　10/29　10/30

収穫後の水田（二期作目）

沖縄島の稲作は二期作。二期作目は8月上旬ごろに田植し、10月下旬ごろ収穫。

(関連p.23、p.35、p.43)

撮影：2018年11月
名護 羽地

撮影：2016年10月 名護

スダジイの実

【ブナ科】〔花：2〜4月、実：10〜12月〕
亜種：オキナワジイとする場合もある。やんばるの森では高木層の優占種で、70％を占めるとも。
別名：イタジイ。国頭村の「村の木」。

(関連p.20、p.84)

ナナホシキンカメムシの大集合

【カメムシ科】全長：約17〜20mm。背の緑の金属光沢と、足の赤色が美しい。オオバギなどの実の汁を餌にするという。　撮影：2016年11月　名護

セイタカシギの飛来

【セイタカシギ科】
全長：約40cm。足の長さは約25cm。鳴声：ビューイッ。
赤くてとても長い足が特徴的。「水辺のバレリーナ」と例えられる。

(関連p.101)

撮影：2017年11月
名護 羽地

末候

10/31　11/1　11/2　11/3　11/4　11/5　11/6

立冬

りっとう

11月7日〜11月21日ごろ（太陽黄経225°）

暦のうえで冬がはじまる。冬の気配が感じられる。

寒さを感じる日がしだいに出てくるが、半袖のままでは寒いのもしかたない。

撮影：2017年11月　名桜大学（植栽）

撮影：2017年11月　名桜大学（植栽）

フウの紅葉（移入）

【マンサク科】
中国中南部・台湾原産。
庭園木。18世紀に日本に
渡来。沖縄では学校の校
庭でよく見られる。
別名：タイワンフウ

カンヒザクラの落葉

【バラ科】
中国南部・台湾原産とも。
別名：ヒカンザクラ
（関連p.26、p.63、p.64）

初候					次候		
11/7	11/8	11/9	11/10	11/11	11/12	11/13	11/14

サキシマフヨウの花
【アオイ科】〔花：10〜12月〕
冬のやんばるを車で走ると、
道路沿いに咲いているのを
よく見かける。

撮影：2016年11月
名護

ギーマの実
【ツツジ科】〔花：3〜5月、実10〜11月〕
奄美大島以南に分布。別名：ギイマ。
方言：ぎーま
（関連p.27）

撮影：2017年11月
名護（植栽）

ムナグロ
【チドリ科】全長：約25cm
冬鳥・旅鳥。群れで飛来。
干潟で餌を採っている。
（関連p.25）

撮影：2017年11月
名護　屋我地

末候

| 11/15 | 11/16 | 11/17 | 11/18 | 11/19 | 11/20 | 11/21 |

小雪
しょうせつ

11月22日〜12月6日ごろ（太陽黄経240°）
雨が雪に変わるという意味のようだ。関東地方でも初氷となるころ。

気温が高い沖縄では、雪とはほとんど縁が無い。

冬の雲と風

　冬は大陸高気圧の縁にあたり、沖縄には強い北風が吹き、曇りや雨の日が続く。

サトウキビの穂（栽培）
【イネ科】熱帯地方で広く栽培され砂糖原料となる。原産地は東南アジアの島もしくはインドとされるが不明。茎は竹のように木化し、節間内に糖を含む。高さ3mにもなり、ススキのような穂になる。
「沖縄は暖かいのでススキも巨大」と誤解する人もいる。方言：うーじ
（関連p.60）

撮影：2017年12月　名護　屋我地

マルバハグマの花
【キク科】〔花：12〜1月〕山中に咲く。
別名：オキナワテイショウソウ
トカラ列島〜西表島に固有。
撮影：2018年12月　大宜味

初候　　　　　　　　　　　　　　　　　　　　　　　　　次候
11/22　　11/23　　11/24　　11/25　　11/26　　11/27　　11/28　　11/29

小夏日和の空

　冬の暖かい日を「小春」と
呼ぶが、沖縄では「なちぐゎー
（夏小）」といい、気象用語で
「小夏」もしくは「小夏日和」
という。二十四節気では小雪
だが、雪は降らない。

撮影：2018年12月　名桜大学

マルバルリミノキの実
【アカネ科】屋久島以南に分布。

撮影：2015年11月　名護

バンの成鳥と若鳥
【クイナ科】
全長：約30cm
幼鳥はヤンバルクイナによく似ている
が、しだいに親の姿に近づき、脇腹の
白帯が目立つようになる。（手前が幼鳥）
方言：くみらー
（関連p.35、p.43）

撮影：2017年11月
名護　羽地

末候

11/30　12/1　12/2　12/3　12/4　12/5　12/6

大雪
たいせつ

12月7日～12月21日ごろ （太陽黄経255°）
雪が大いに降り積もるという意味のようだ。

気温の高い沖縄でも、風の強い日は体から熱をうばわれ、体感温度はかなり低くなり、寒い。

坊主むいから古宇利島にかかる雲を見る

撮影：2017年12月　大宜味

冬の沖縄は曇りや雨の日が多く、北風が強く吹く。

撮影：2017年12月　大宜味

オオムラサキシキブの実
【シソ科】〔花：5～9月、実：12月〕
本州では10月末ごろ結実するムラサキシキブが、12月ごろの寒さで結実する。

初候　　　　　　　　　　　　　　　　次候

| 12/7 | 12/8 | 12/9 | 12/10 | 12/11 | 12/12 | 12/13 | 12/14 |

撮影：2016年12月　名桜大学（植栽）

モモタマナの紅葉

【シクンシ科】〔花：3～8月〕公園緑陰木。自然では海岸砂地によく生育している。葉は一斉に
ではなく、少しずつ色づいて落ちる。別名：コバテイシ。方言：クワディーサー。

イイギリの実

【ヤナギ科】〔実：12～1月〕
落葉は11～3月。実は鮮
やかに赤熟。冬の青空に
は映える。道路沿いなど林
縁部でよく見かける。

撮影：2016年12月　名護　羽地

末候

12/15　12/16　12/17　12/18　12/19　12/20　12/21

冬至
とうじ

12月22日〜1月4日ごろ（太陽黄経 270°）
夜の長さが最も長くなる。寒さはこれからが本番。

本州に寒露のころに渡来する雁が沖縄までやってくるのはこのころ。

沖縄では「とぅんじー」と言う

サトウキビの収穫（栽培）　ハーベスターによる刈り取り。(関連p.56)

撮影：2018年1月　名護　屋我地

撮影：2017年12月　大宜味村

センリョウの実
【センリョウ科】
正月の生け花によく見られる
低木。沖縄では正月のころは
オレンジ色。

初候　　　　　　　　　　　　　　　　　　　次候

12/22　12/23　12/24　12/25　12/26　12/27　12/28　12/29

冬の鳥の群れ

撮影：2017年12月　名護　羽地

撮影：2017年12月　名護　羽地

ヒシクイの飛来
【カモ科】全長：約80～90㎝。嘴が太く短い。国指定天然記念物。

マガンの飛来
【カモ科】全長：約65～85㎝。国指定天然記念物。

撮影：2017年12月　名護　羽地

末候

12/30　12/31　1/1　1/2　1/3　1/4

小寒
しょうかん

1月5日〜1月19日ごろ（太陽黄経285°）

寒さが増してくるという意味のようだ。「寒の入り」ともいう。

沖縄でも寒く感じる日が続くが、最も寒くなるのはまだ先。

シークヮーサーの甘熟　和名：ヒラミレモン【ミカン科】（関連p.24、p.46）

撮影：2017年1月　名護　屋部（栽培）

ウメの花（移入）

【バラ科】〔花：1月〕

撮影：2017年1月　名護　羽地（植栽）

初候					次候		
1/5	1/6	1/7	1/8	1/9	1/10	1/11	1/12

ヤブツバキの花
【ツバキ科】〔花：12～2月〕

撮影：2017年1月　名護

ヒメサザンカの花
【ツバキ科】〔花：12～2月〕
とても良い香りがする。
沖永良部島～西表島に固有。
(関連p.86)

撮影：2017年1月　名護

カンヒザクラの花
【バラ科】
八重岳山頂近くの桜。
日本一早いさくらの祭
りが開催される。
別名：ヒカンザクラ
(関連p.26、p.54、p.64)

撮影：2019年1月　本部(植栽)

末候

1/13　1/14　1/15　1/16　1/17　1/18　1/19

大寒
たいかん

1月20日〜2月2日ごろ （太陽黄経 300°）

最も寒さがつのるころという意味のようだ。最低気温になるのは、このころ。

全国のニュースに「沖縄ではもう桜が咲いている」と流れるころ。

撮影：2018年1月　名護（植栽）

撮影：2018年2月　大宜味

カンヒザクラの花盛り

【バラ科】〔花：1〜2月〕
日本全国で最も早く春を告
げるとされる桜は、最も気
温が低い時期に花咲き揃う。
本州では緋桜（ひざくら）と
呼ばれる早咲きの桜の種類。
（関連p.26、p.54、p.63）

サクラツツジの花

【ツツジ科】
〔花：12〜2月〕
国頭村の「村の花」。

初候					次候		
1/20	1/21	1/22	1/23	1/24	1/25	1/26	1/27

冬は曇りの日が多い。雲の間から光が漏れると、天から何かが降りてくるような光景となる。

撮影：2021年2月　本部

エゴノキの花
【エゴノキ科】〔花：12〜2月〕
花弁が4枚だったり、6枚だったり、バラバラなのが面白い。

撮影：2017年1月
名護

リュウキュウバライチゴの花
【バラ科】〔花：1〜3月、実：3〜4月〕
茎には鋭いトゲがある。

撮影：2021年2月
名護

末候

1/28　1/29　1/30　1/31　2/1　2/2

横書きの沖縄俳句

夏

● 立夏・小満（おおよそ5月）

山原に　気の満ち溢れけり　立夏（2019年）

夏めいて　ビフテキ喰らう　誕生日（2019年）

コロナ禍にも　クマノミの卵　初夏の海（2020年）

イジュ開花　ポジティブに遠隔講義（2020年）

● 芒種・夏至（おおよそ6月）

輝く子らと　仰ぎ見る　梅雨の星

（2019年・日本宇宙少年団名護分団と星空観望）

梅雨受けて　頭を垂れる　島の米（2019年・一期作米の実り）

コンクリート電柱から　蝉の声（2020年）

緊急事態解除　梅雨明けの空

（2020年・新型コロナ緊急事態宣言一時解除）

● 小暑・大暑（おおよそ7月）

夏空に　永遠の誓いの　鐘の音（2019年・長男の結婚式）

楽しみコロコロ　顔出す夏休み（2019年）

とまどう手　その先にいる　カブトムシ

（2020年・カブトムシの配布会）

閉鎖の庭の　ホウオウボクの　花盛り（2020年）

第3章

星空、
海と風の暦

太陰太陽暦（いわゆる旧暦）
沖縄の星空、海と風の季節変化を知るために

　沖縄は島嶼県であり、海を身近に感じているし、海は生活にも密着している。それは単に親近感を感じているといったことではない。海の干満によって船が接岸できたり、逆にできなかったり。船がサンゴ礁のリーフの外に出られたり、逆に出られなかったりすることによって生活に直接影響する。

　海の満ち引き（潮の干満）の周期は、月の満ち欠けの周期とよく一致する。いわゆる旧暦は、月の満ち欠けの周期によりひと月の長さを定義している暦で、沖縄の場合は「一日：ついたち（新月）や十五日（満月）に近い日なら、潮の干満差激しく（いわゆる大潮）、朝夕が満潮である」と分かっている。

　干満差が激しい新月と満月の時期に台風が接近した場合には、朝と夕方の時間に高潮を警戒し準備しなければならないといった、生命や財産にかかわる場合もある。そんな時に、旧暦の日付が分かれば、瞬時に特定の時刻の海浜における干満の状態がある程度予想できることは、沖縄で生活するにあたって、とても重要なことである。

　そして、いわゆる旧盆は、必ず旧暦の十三〜十五日に行う。だから晴れていれば満月に近い月の下で行うことになり、必ず美しい月を背景とするなど、生活行事においても自然現象と素晴しく合致する場面がある。

太陰太陽暦（旧暦、あるいは太陰暦、陰暦ともいう）とは、どんな暦なのか

　現在のカレンダーは、地上で観測される太陽の運行に基づき、1年を約365日とし、12のマンス（月）に割り振った暦法（グレゴリオ暦）を採用しており、4年に一回366日として2月末日に1日挿入することを除けば、元日のズレはほとんどなく、マンスの数が12と定まっている。単純明快な太陽暦である。

　マンスはお月さまの周期性にはお構いなしに、日数が28日だったり30日だったり31日だったりとバラバラで、1月（January）の日数は31日であるというように、特定の月それぞれの日数が定まっている。日数が変わる主な例外は、4年に一度、2月の末日に1日挿入されるだけである。だから1年の末日は12月31日であるというのは、一般人でも誰もが知っていて、いちいちカレンダーを見なくても解る。今となってはあたりまえの、日常のこんなことが、旧暦ではそうはいかず、もっと大きな問題もあった。

旧暦は「月の満ち欠けを基準にひと月の始まりの日と長さを定義し、1年の太陽の運行周期との日数のズレを、二十四節気を使い閏月を入れて調整する暦」(太陰太陽暦) である。日本では6世紀から改良されつつ使われてきた暦法だったが、1873年 (明治6年) の元日をもってグレゴリオ暦の使用が始まったために廃止となり、旧暦と呼ばれるようになった。

　その日は旧暦の明治五年十二月三日にあたっていたが、改暦によって1873年 (明治6年) 1月1日となり、元日が1か月程度早まることになった。つまりここで新暦の正月は早く、旧暦法の正月はひと月ほど遅いというズレが生じた。だから旧暦法による月名や日付の換算は、例えば旧暦の一月一日 (元日) で考えると、グレゴリオ暦では約1か月遅く、2月1日の前後あたりになりそうだと、単純に置き換えてみたくなる。

　しかし旧暦の元日とは「グレゴリオ暦の1月21日ごろから2月20日ごろにあたる日までの朔日 (新月にあたる日)」となる。例えば天体観測データを基に、旧暦法により算出された近年の「旧暦の元日」にあたる日が、グレゴリオ暦のどの日に相当するかを、並べてみると次の表のようになる。

表：旧暦法による元日にあたる日 (グレゴリオ暦による日付で表した)

年	元日にあたる朔日	立春の前後	年	元日にあたる朔日	立春の前後
2016年	2月 8日	後	2021年	2月12日	後
2017年	1月28日	前	2022年	2月 1日	前
2018年	2月16日	後	2023年	1月22日	前
2019年	2月 5日	後	2024年	2月10日	後
2020年	1月25日	前	2025年	1月29日	前

　旧暦法では「元日」を、『二十四節気の「雨水 (2月18日ごろ)」の直前の朔日 (新月の日)』としているから、その日は「立春 (2月3日ごろ)」に近い日ではあるが、立春の前であったり後であったりと一定しない。グレゴリオ暦の元日とのズレは約20日から50日 (約0.7〜1.7か月) ほどのズレとなっている。ズレの大きさは毎年変わり、単純明快とはならず、残念ながら複雑不明瞭である。

　さらに、旧暦法でのひと月の長さ (月の満ち欠けの周期) は、厳密に天文学的な月の満ち欠けの観測に基づいて約29.5日と算出されるから、ひと月が29日の月 (小の月) とひと月が30日の月 (大の月) がある。それらは単純に交互にはなってはいないから、一年の末日が年によって十二月二十九日だったり十二月三十日

だったりしても、一般人にはそれが予めどちらなのか解からず、暦を頼りにするしか方法が無い。

旧暦における閏月とは？

月の満ち欠け（朔望）は、月が地球の周りを回るため、太陽との位置関係で決まる。約29.5日で1回の周期となっている。12か月で12回まわった場合の日数は、29.5日×12回で、354日である。

一方、地球は太陽の周りを約365日で1周し、季節はそれに合わせて変化している。それを1年と定めると月が12回まわった時点の日数の約354日は、1年約365日に対し約11日少ない。つまり太陽の運行と合わせると日数が11日あまる。

旧暦のひと月の初日（ついたち）は、月の周期に合わせた朔日（新月の日）と決めているから、ある年の一月一日がちょうど朔日だとすると、翌年は太陽の周期の1年に比べて日数で11日早く元日を迎える。それを翌年も繰り返すとしたら、元日はどんどん前へと移動して、太陽運行の周期性とは大きく離れていく。

それを調整して一年を約365日に保っていくために決めた約束事が、ひと月（約29.5日）まるごとの『「閏月（うるうづき）」を挿入する』ことである。

閏月の挿入頻度

閏月を挿入する頻度は、観測と算出により以下のようになるという。

太陽暦の1年を約365.24日、月の満ち欠けを約29.53日として太陽の1年をm回繰り返す時間と、月が満ち欠けをn回繰り返す時間が、同じ日数になるように、整数によりmとnを決める。

すると　m＝19　n＝235　　約6,939日　約235か月である。この時仮に1年を12か月と決め、235か月を12で割ると、19あまり7となる。

つまり19年では228か月にしかならず、7か月分もあまる。そこで閏月を入れる頻度は「19年のうちに7回」となる。言い換えると「19年のうちに12か月の年が12回と、13か月の年が7回」となる。これは「2～3年に一度」で、なかなかの高頻度である。沖縄ではこの閏月が入る年を「ユンヂチ」と呼んでおり、墓を建てたり、仏壇を購入したりする際などには縁起が良い年と伝えられている。

閏月を入れるタイミング

今度はさらに、閏月をどの段階でどの月の後に挿入するかが問題となる。ここで、一年の季節となるべく整合させるために、二十四節気が登場する。

二十四節気は12の気（中気）と12の節（節気）からなっており、それぞれ旧暦のひと月の半分の約15日である。それで中気と節気がひとつの組み合わせになって、旧暦のひと月におおよそ対応している。

　しかし二十四節気の中気から中気までの間隔（日数）は、平均で約30.4166日なので、月の満ち欠けの周期（旧暦のひと月）より長い。したがって、ある年の二月、三月、…各月にそれぞれ対応して、春分の日（二月の中気）、穀雨の日（三月の中気）が含まれていたとしても、年月が経つにつれて、対応する各月の中気の日付が月の後方へとずれる。

　ここで実例を見る。最近では2020年に「小満（四月の中気）」が旧暦の四月二十八日で、その翌月が小の月（ひと月の日数が29日の月）だった。すると四月の翌月に「夏至（五月の中気）」が含まれなくなっていた。このように対応すべき中気が含まれない月が出てきた段階で先行月（四月）の翌月を五月とせず、先行月（四月）の閏月として「閏四月」を挿入する。そして夏至（五月の中気）を含む月が五月となり、夏至（グレゴリオ暦では6月21日）は、旧暦五月一日となった。それ以後、大暑（六月の中気）を含む月を六月（大暑は旧暦六月二日、グレゴリオ暦では7月22日）・・・・となっていた。

　このように対応すべき中気が含まれない月が出るのは、年のどの月でも起こる。過去の閏年挿入月の頻度については参考図書⑦にグラフがあるので引用する。

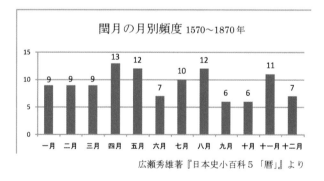

閏月の月別頻度 1570〜1870年

広瀬秀雄著『日本史小百科5「暦」』より

　閏月の挿入方法を見たところで、2020年では「夏至」だった旧暦五月一日が、最近の数年では、グレゴリオ暦のどの日に相当していたかを見てみたい。

　2018年の旧暦五月一日は、6月14日で夏至（6月21日）の7日前。

　2019年の旧暦五月一日は、6月3日で夏至（6月22日）の19日前である。

　このように旧暦の日付は、季節感と厳密に対応する二十四節気からは、大きくずれる場合も出てしまうので、旧暦の日付から季節の自然の状態を推察してもおおまかな理解に留まることになる。

旧暦の不便さと、今に残る有効性

旧暦の約束事などを以上のように見たうえで、旧暦の問題点をまとめてみた。

○旧暦元日は、太陽との位置関係が、毎年大きく変化してしまい、一般人には予想できないこと。

○閏月を入れる必要があり、13か月の年が2～3年に一度の高頻度で生じること。

○重要な季節の「物差し」となる日（節気の日）が、旧暦上での日付では毎年変化し、季節感をあいまいにしか推察できないこと。

○一般人には月ごとの日数変化（大の月と小の月）や、閏月を入れる意味、閏月を入れるタイミングなどが解りにくく、予想できないこと。

　閏月を挿入して、12か月の年と13か月の年があるのはとても不便である。旧暦の下で月極めにより給料などを払う場合には、年に12回払う年と、13回払わなければならない年があったということのようだ。月極めで家賃や土地代などを払う場合にも同様だったかもしれない。改暦前には、そのひと月分を払う、払わないでトラブルになったという話も伝わっている。

　ただ、月の明るさに大きく影響を受ける夜空の星や、海の生物の変化、気圧や風の変化などは、太陽の運行に伴っているだけではなく、月や海の周期性により大きく左右される。サンゴの産卵や、すく（アミアイゴの幼魚）が寄る時期も、海の周期性に関連しているから、旧暦の日付を参考にすると、概ね予想できる。

　したがって海に身近な沖縄で暮らし、自然を観望する際には、旧暦の日付を参照することは必要不可欠である。こうして旧暦の日付は、沖縄の行事や言い伝えの中にも今も生き続け、伝えられているのである。

　月の周期性は海の干満だけではなく、気圧の変動（気圧振動）や人の健康にも影響を与えている可能性も示唆されているという。（参考図書⑦）

　都会では失われがちな自然の季節変化を感じるためには、旧暦とはいっても古くて不便なものとして棄てず、月や地球の様々な周期性の目安として、今後も様々な分野で「再評価」が行われる必要があるだろう。

エメラルドグリーンの海

「エメラルドグリーンの海」、この言葉は沖縄の自然を書き出す際の定型文と感じられるほど、よく見るフレーズだ。晴れた日に輝く浅海のさんご礁域の色を指していると思われる。しかし私の目には沖縄の海の色が、ターコイズブルーに見えている。JIS系統色名「明るい緑みの青」、マンセル値「5B6/8」である。

私はエメラルドグリーンの海を見たことがある。静岡県の伊豆半島下田の内湾的な環境の磯場、沖縄県慶良間諸島の安護の浦など、静かな内湾のやや深いが透明度の高い海で、宝石のエメラルドに似たクリーンな緑色を見たと記憶している。JIS系統色名「つよい緑」、マンセル値「4G6/8」である。

人の目には個人差があって、黄色と黄緑色の区別や、黄色とオレンジ色の区別が感じられない人もいるし、色の感じ方、見え方は人それぞれらしい。視覚器官を交換することはできないから、確かめることができないけれど、色を言葉に表現した時に意見などがかみ合わない場合は、「自分の目の見え方が、他人とは違うのかもしれない」と思う。

近年デジタル化が進み、画像の色調はCGにより自由自在である。そのため観光パンフレットの沖縄の海の写真の中に、見たこともない、異様なほど緑色の浅海の海の写真を、わりと頻繁に見かけるようになった気がする。おそらく「エメラルドグリーンの海」のイメージに合わせて、機械が自動調整してしまう、と推察している。一般の方がこうした写真に慣れてしまった後に、初めて沖縄の本当の海の色を見たとき、「写真と違う」とガッカリするのか、「写真よりキレイ！」と喜ぶのか、私にはわからない。

言葉のイメージを基に「自然らしきもの」を創造する作業は、昔からあった。四季は短歌に詠まれ、そのイメージに合わせて絵画に描かれ、衣装のデザインとなってきた。二次元の世界だけでなく、三次元的な実体社会（リアル社会）でも、庭にサクラやモミジといった季節の象徴となる植物を植栽するなど、人間の都合に合わせて作られてきた二次的な自然がある。

「自然らしきもの」を創造するときに、破壊されてきた「本来の自然」もあるのだろう。そう考えるとき、自然のイメージを表現する言葉の重みについて、考えを巡らすことになる。

暦上の春
(2月3日〜5月4日ごろ)

旧一月一日(元日)

    2022年2月　1日
    2023年1月22日
    2024年2月10日
    2025年1月29日
    2026年2月17日

　春の初めの夜には明るく輝く一等星が多い。それを八重山地方では「星昼間」と表現していたと伝えられる。
　立明星 (たっあーぎぶし) はオリオン座三つ星と周辺の星々の八重山地方特有の星座とのこと。「立明星昼間南風」は立明星が宵の口に南中するころに吹く南風のこと。(参考図書⑦より)

たっあーぎぶしぴるまばえ（立明星昼間南風）

オリオン座と冬の大三角

にんがちかじまーい（二月風廻り）

　冬至から約86日目のころに天候が荒れるという。春の嵐のこと。にんがちは旧暦の二月。グレゴリオ暦では3月17日ごろにあたる。

撮影:2021年3月
今帰仁村乙羽岳山頂近くから見た
「にんがちかじまーい」の雲

写真は多野岳から見る古宇利島、屋我地島
撮影：2016年4月1日　名護　羽地

うりずん（陽春）

　うりずんは3月中旬から4月中旬の湿気をともなった天候のことと伝えられる。2月下旬からとする説もある。語源は潤うの意の「うり」と、浸みとおるの意の「ずん（じみ）」との複合語と伝わる。（参考図書⑦より）

はまうい（浜下り）

旧三月三日
2022年4月　3日
2023年4月22日
2024年4月11日
2025年3月31日
2026年4月19日

撮影：2017年3月30日　名護　屋我地

（4）漁業権の対象種　原則として漁協組合員以外の採捕はできません

沖縄県では、以下の水産動植物が共同漁業権に基づく漁業の対象となっています。これらの対象種は、免許を受けた漁業協同組合（漁協）の組合員が優先的に採る種類があります。組合員以外の方が採捕した場合には、漁業法第195条により、漁業権侵害で告訴される可能性があります［100万円以下の罰金］。

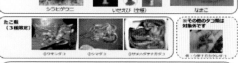

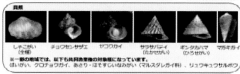

収穫物

　浜下りとは、春の大潮で日中の干潮時間が長く、よく引くため、この機会に海を歩いて遊ぶ行事。
　採捕に関しては法律に基づくルールがある他、守るべきマナーがあるので注意。

（沖縄県のホームページより）

暦上の夏
（5月5日〜8月6日ごろ）

撮影：2017年5月25日　名護　屋我地

わかなつ（若夏）

4月下旬から6月中旬ごろの暑さ。生命の活力に満ち、緑が濃くなる。「梅雨の中休み」という言葉もある。

撮影：2017年5月14日　名護　久志

すーまんぼーすー（小満芒種）

沖縄では梅雨期にあたる。5月中旬から梅雨となり6月中旬には明けることが多い。本州よりも早く本格的な夏となる。

旧五月四日

2022年6月　2日
2023年6月21日
2024年6月　9日
2025年5月30日
2026年6月18日

糸満ハーレー

糸満ハーレー　撮影：仲野勝博

かーちべー（夏至南風）が吹く

梅雨明けの合図とされる南寄りの風が吹き始める。

本格的な
夏の到来！

旧五月十五日ごろ
サンゴの放精・放卵

撮影：宮里武志2020年6月11日　名護

撮影：2017年6月10日　夏の満月のイメージ

オカガニの放幼生

撮影：2016年6月18日　オカガニ

旧六月一日

2022年6月29日
2023年7月18日
2024年7月　6日
2025年6月25日
2026年7月14日

すく（アイゴの幼魚）が寄る

撮影：2018年7月14日　名護　屋我地
「すく」はアミアイゴ【アイゴ科】の幼魚の方言名（関連p.121）
右：すくがらす豆腐

暦上の秋
（8月7日〜11月6日ごろ）

てぃんがーら（天の川）

撮影：米原英樹　夏の大三角と天の川上流域

旧七月七日

2022年8月　4日
2023年8月22日
2024年8月10日
2025年8月29日
2026年8月19日

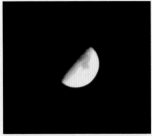

7日の月

　旧七月七日は、夜半には月が沈む星見日和だ。天の川を見るには、月の沈んだ暗い空の方がいい。織姫と彦星が川の両岸に居ることがよくわかる。

ふしぬやーうち（星の引越）：流れ星

撮影：坂下元　流れ星のイメージ

　旧の七月七日は、太陽との位置関係が毎年変わってしまうけれども、もし8月12・13日ごろにあたる年ならば、ペルセウス座流星群の流れ星が最も多く降る日となる。
　だから古人はこの日を星の祭りにしたのだろうか。

旧盆のころ

旧七月十三〜十五日

2022年8月10日〜
2023年8月28日〜
2024年8月16日〜
2025年9月　4日〜
2026年8月25日〜

満月のイメージ（名桜大学）

　旧盆にはエイサー踊りが行われるが、それは必ず満月に近い日の夜に行われることになる。

中秋の名月

撮影：2015年9月28日

ふちゃぎ

旧八月十五日

2022年　9月10日
2023年　9月29日
2024年　9月17日
2025年10月　6日
2026年　9月25日

　名月の晩には「ふちゃぎ」という菓子を供える。

みーにし（新北風）が吹く

撮影：2019年10月12日　名護

　沖縄では9月中旬ごろまでには北風が吹き始める。気温はまだ高く、気候的には夏と言われるが、体感的には北風が涼しく感じられ、秋の始まりとわかる。

暦上の冬
(11月7日〜2月2日ごろ)

大陸高気圧の縁　　　冬は曇天が長く続く

撮影：2017年11月11日　名桜大学

十月なちぐゎー（夏小）：小夏日和

撮影：2019年10月12日　名護

　旧暦十月はグレゴリオ暦では11月ごろにあたる。
　南からの風が吹き晴天になると、夏のような暑さと感じる。
　本州では「小春日和」と言う。

80

とぅんじーびーさ（冬至寒さ）

● とぅんじーじゅーしー

寒いときは食べ物で元気を出す。

むーちーびーさ（餅寒さ）

旧十二月八日

2022年	1月10日
2023年	12月30日
2024年	1月18日
2025年	1月 7日
2026年	1月26日

鬼むーちー

● 鬼むーちー

寒さが厳しい時は邪気を祓う。ゲットウの葉には抗菌作用がある。ゲットウの葉で巻いた餅を蒸して旧暦十二月八日に食べる。(関連p.28)

しーぶばい（歳暮南風）

旧暦の年の暮れはグレゴリオ暦では1月ごろ。曇天が続き寒く感じる日々。旧暦十二月に吹く南風。

※「しーぶばい」は八重山での呼称（参考図書⑦より）。沖縄島では「しわしーべー（師走南風）」。

撮影：2018年1月1日
名護　屋我地

撮影：上原尚子
2021年2月　名護　屋部

Column
横書きの沖縄俳句

秋

● **立秋・処暑**（おおよそ8月）

あれやこれや　今は流れて　秋の川（2019年）

寄りそう二羽　ヤンバルクイナ　秋の夜（2020年・小雨の中、樹上）

● **白露・秋分**（おおよそ9月）

沖縄の鷹　渡る日の天　高し

（2019年・沖縄では晩夏ではなく、鷹は天高い秋に通過して渡る）

水軍の猛きを想う　長い夜（2019年・瀬戸内海の水軍に関する読書）

秋風に　サイヨウシャジン　ゆうらゆら

（2020年）

サイヨウシャジンの花

● **寒露・霜降**（おおよそ10月）

行く秋に　にぎわい灯り　やがじ島（2019年・やがじ祭り）

アルビレオ　両家揃いて　眺む秋（2019年・長女婚約、両家顔合せ会）

※アルビレオは北天に輝く美しい二重星

椎の実の　熟すを待つは　誰がため

（2020年・子供は独立したが、自然と遊んだのは懐かしい思い出）

第4章
森と河川域

照葉樹の森

新緑のやんばるの森（名護岳）

撮影：2月

スダジイ 【ブナ科】　　　撮影：10月

スダジイの
実(どんぐり)

撮影：11月

　沖縄県の植物相は山地や丘陵地では西南日本系要素を持つスダジイを中心にした照葉樹林だが、低地などでは南方系要素が目立ち、日本国内においては特異なものとされる。その特徴は次のように挙げられる。①常緑樹が多い（落葉樹は少ない）、②広葉樹が多い（針葉樹は少ない）、③低木層に南方系樹種が多い、など。

　なお本書でスダジイとした樹木は、亜種オキナワジイとして扱う場合もあり、イタジイとも呼称されるので注意を要する。（関連p.20、p.53）

高島の山地部は第三紀以前の堆積岩を主とし、河川が発達し、地表は酸性土壌となっている。基本的には西南日本にあるスダジイ林と同質だが、ヒカゲヘゴをはじめとするシダ植物や、フカノキ、アデク、シシアクチ、ボチョウジ（リュウキュウアオキ）などの樹木があることなどの違いがある。

　石灰岩地域では河川が発達せず、弱アルカリ性土壌となっており、ガジュマル、リュウキュウガキ、ナガミボチョウジなどの樹木に加え、つる性植物が林を形成し、非石灰岩地域の植生とは明らかに異なる。（参考図書⑨を参照した）

ヒカゲヘゴ　　　　　　撮影：4月
【ヘゴ科】　別名：モリヘゴ
高木のシダ植物

シシアクチ　　　　　　撮影：11月
【サクラソウ科】

ボチョウジ　　　　　　撮影：12月
【アカネ科】　別名：リュウキュウアオキ

やんばるの森は、どんぐりの森

　山地の高木で最も多い木はスダジイなので「どんぐりの木の山」とも言える。日本最大のどんぐり（オキナワウラジロガシ）も沖縄産。

環境省ウフギー自然館の展示物

マテバシイの実　　　　　撮影：10月

照葉樹の森

　奄美大島以南、八重山諸島までの南西諸島から、100種類を上回る固有植物が報告されており、最近も固有の新種が加えられている。固有種が多い理由は島々それぞれのユニークな地史の結果であり、絶滅を免れて「遺存種」となったり、「種の分化」が独自に起きたりしたためと考えられる。

オキナワウラジロガシ　【ブナ科】　奄美大島〜西表島に固有　撮影:渡邊謙太　2月（2点とも）

撮影：1月

ヒメサザンカ
【ツバキ科】
沖永良部島〜西表島に固有
（関連p.63）

撮影：3月

ヤエヤマネコノチチ
【クロウメモドキ科】
奄美大島〜西表島に固有
フタオチョウの食樹
（関連p.49）

撮影：10月

リュウキュウハナイカダ
【ハナイカダ科】
奄美大島〜沖縄島に固有
写真は雄花
（関連p.21）

コダチスズムシソウ
【キツネノマゴ科】
沖縄島～西表島に固有
コノハチョウの食草
（関連p.47）

撮影：3月

撮影：11月

撮影：4月

アカボシタツナミソウ
【シソ科】
奄美大島～沖縄島に固有

撮影：5月

リュウキュウ
コンテリギ
【ユキノシタ科】
沖縄島固有

撮影：6月

コバノミヤマノボタン
【ノボタン科】沖縄島固有
（関連p.34）

　ユニークな地史を反映した植物相、動物相が見られることから、沖縄島北部や西表島を国立公園に指定している。さらに 2021 年 7 月、国際的財産として「世界自然遺産」へ登録された。

撮影：2016年9月

照葉樹の森

　動物相についても、植物相と同様に多くの固有種が確認されている。

　ここに挙げた他にもケナガネズミやオキナワトゲネズミ、ナミエガエル、ヤンバルテナガコガネなどまだまだ数多くの固有動物が知られており、希少な種として法律により保護されている。

ノグチゲラ

【キツツキ科】全長：約30cm
4〜6月に営巣し、フィッ、フィッと鋭い声で鳴く。なわばり主張のためか、木をたたく音（ドラミング音）がよく聞こえる。
やんばる固有種。国の特別天然記念物。沖縄県の「県の鳥」、東村の「村の鳥」。
（関連p.31）

撮影：5月

撮影：6月　（幼体）

リュウキュウヤマガメ

【イシガメ科】　幼体は約5cm。
成体は最大15cm程度。森に棲み、ほとんど水に入らない。
沖縄島、久米島、渡嘉敷島に固有
国指定天然記念物。（関連p.34）

撮影：7月　（成体）

ヤンバルクイナ

【クイナ科】全長：約30cm
姿を見ることは難しくても、
キョキョキョキョキョ…という、
けたたましい声は朝に夕によ
く響いている。飛べない鳥。
交通事故や外来種による食害
で絶滅が危惧される。
やんばる固有種。国指定天然
記念物。
（関連p.47）

撮影：9月

オキナワイシカワガエル

【アカガエル科】約12cmにも
なる。夜行性でヒョウ、ヒョウ
と高く人きな声で鳴く。繁殖は
冬で土の穴の中で産卵する。ア
マミイシカワガエルとは近縁。
やんばる固有。沖縄県指定天然
記念物。

撮影：8月

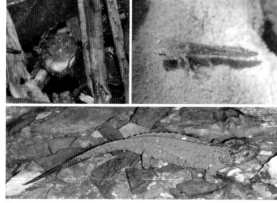

撮影：5月　（3点とも）

イボイモリ

【イモリ科】卵：直径約3mm
（ゼリー層を除く）
幼体：全長は約25mm
成体：全長は約15cm
肋骨は横に張り出し、広げる
と体が大きく見える。河川源
流部、水場直近の落葉の中に
産卵。幼体は雨で流されるな
どで水場にたどり着く。
奄美大島、請島、徳之島、沖
縄島、瀬底島、渡嘉敷島に固有。
沖縄県指定天然記念物。

島嶼的河川

　島の地質と河川はよく関連する。高島では川が発達するが、低島では石灰岩がよく透水するため、地表に川ができない。低島の沖縄島南部や宮古諸島、伊江島などには、川らしい川がない。沖縄県には 300 あまりの川があるとされるが、沖縄県は面積の小さな島の連なりなので、10km を超えるのは 11 河川のみとのことである。

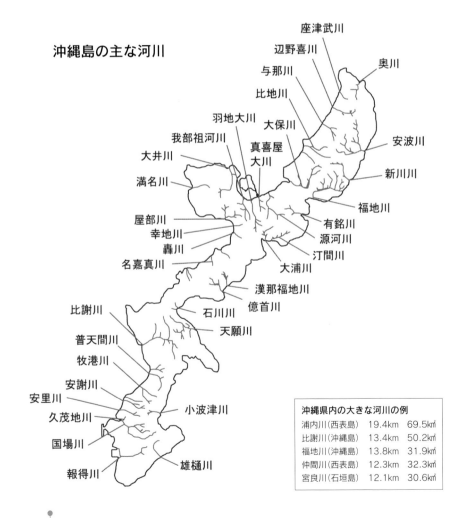

沖縄島の主な河川

座津武川
辺野喜川
与那川
比地川
羽地大川
我部祖河川
真喜屋大川
大保川
奥川
安波川
大井川
新川川
満名川
福地川
屋部川
有銘川
幸地川
源河川
轟川
汀間川
名嘉真川
大浦川
漢那福地川
石川川
億首川
比謝川
天願川
普天間川
牧港川
安謝川
安里川
小波津川
久茂地川
国場川
報得川
雄樋川

沖縄県内の大きな河川の例		
浦内川(西表島)	19.4km	69.5㎢
比謝川(沖縄島)	13.4km	50.2㎢
福地川(沖縄島)	13.8km	31.9㎢
仲間川(西表島)	12.3km	32.3㎢
宮良川(石垣島)	12.1km	30.6㎢

河川の特徴

　沖縄の河川の特徴として①長さが短く、②流域面積が小さい。また③河川勾配は急であることが挙げられる。降った雨が海に流れ出してしまうのに比較的時間がかかからないため、大型のダムが整備されるまで沖縄の多くの地域で長年、渇水に悩まされてきた。

　また鉄砲水が起きるため、川のレジャーでの事故の危険性は高い。

沖縄島のダムは北部に集中

　沖縄島は北部が高島、中南部が低島となっており、大きな川は北部に集中している。そのため大きなダムも北部に集中しており、都市のある中南部までは送水している。

沖縄島の主なダムの位置図

辺野喜ダム
羽地ダム　　大保ダム
普久川ダム
安波ダム
新川ダム
福地ダム
漢那ダム
億首ダム
倉敷ダム
山城ダム

　広い河原のない沖縄では、ダム下流に整備された公園が、安全な水遊び場として貴重である。

撮影：5月　羽地ダム下流公園

撮影：7月
上流部の景観

　上流は勾配が険しく流れが早く、河岸や川底の土は浸食作用により流され、石や岩盤が露出し渓流景観を形成する。

渓流植物

　渓流は植物にとって厳しい環境だが、そこに生育する植物には次のような特徴が挙げられる。①葉の面積が狭く細長くなるか切れ込みが入るなど、②枝の出る角度が小さい、③根が発達し基盤に強固につく、④早く乾燥するために毛が少ない、⑤花は洪水のない時期など。

撮影：6月

リュウキュウツワブキ

【キク科】ツワブキに比べ葉の縁がギザギザして丸くない。

上流部の動物

トンボ類の幼虫（ヤゴ）は水中生活をするため、トンボは水場からあまり離れない。川の上流は水がきれいだが、水質が悪化すると棲む生き物の種類も変わる。川の生物調査をすると、その川の水質を判定することもできる。

撮影：5月　（写真はオス）

リュウキュウハグロトンボ
【カワトンボ科】腹長：44〜55mm

上流部の淵
撮影：7月

撮影：7月

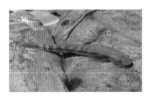

撮影：9月

沖縄の川の魚やエビのほとんどは、一生のうちに川と海を行き来する。

オオウナギの子どもは、岩の割れ目をうまく使って、よじ登ることができる。

ボウズハゼや一部のヨシノボリ類では左右の腹鰭が繋がって吸盤の役割をしていて、岩にくっついて、流れの早い川でも上ることができる。

上写真：**オオウナギ**
【ウナギ科】　最大2mにも達すると言われる。体にまだら模様があり、頭が丸い。

下写真：**ボウズハゼ**
【ハゼ科】　全長：約12cm　石の表面の藻類を食べている。

島嶼的河川

　中流では川の流れによって土砂が運ばれ（運搬作用）、場所によっては堆積する（堆積作用）。それらの作用によって、浅くて流れの早い「瀬」と、深くて流れが緩やかな「淵」が交互に形成され、多様な環境がつくられる。

撮影：9月　中流部の景観

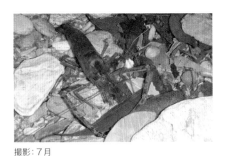

撮影：7月

ミナミテナガエビ

【テナガエビ科】体長：約10cm
方言：たながー（混称）

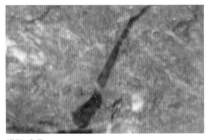

撮影：9月

ヨシノボリ類

【ハゼ科】全長：6〜8cm程度
方言：いーぶー（混称）

中流部の動物

　川の作用によってつくられた、それぞれの多様な場所には、多様な生き物が生育・生息している。

撮影：9月

ユゴイ

【ユゴイ科】全長：約20cm
尾鰭の縁が黒。オオクチユゴイは黒色部分がもっと大きい。方言：みきゅー

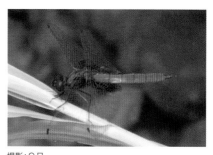

撮影：9月

ベニトンボ

【トンボ科】腹長：21～27mm
1980年代から沖縄島に。

魚やエビが、一生のうちで川と海を行き来する

　沖縄のある川の調査によると、191種の魚が確認されているが、そのうち一生を通じて川で生活するのはたった6種で、他は一生のうちに川と海を行き来する。とくに河口部では、多くの種が生息していて賑やかな場所と言える。

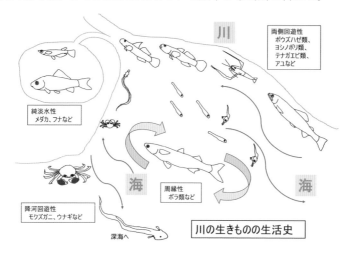

川の生きものの生活史

マングローブ域

潮の干満

撮影：2016年4月7日　13時　干潮時

撮影：2016年4月7日　18時　満潮時

海は満ち引きする。その潮位差は海域によって異なるが、沖縄では最大でも2m強である。

干満は24時間にそれぞれ2回ある。だから同じ場所でも時刻によって全く違う景観となり、海岸線や環境も一変してしまう。

干満の時刻や、潮位差の大小（大潮と小潮など）は、地球と月と太陽の位置関係によって決まっており、旧暦の日付（月齢）によって予想できる。

ひと月の干満の変化（那覇：2021年の旧暦四月）

日 付	潮	深 夜	朝	日 中	夕 方
5月12日 新月 （旧暦四月一日）	大潮	1:15 干　67cm	7:08 満 194cm	13:38 干　15cm	20:02 満 184cm
5月19日 （旧暦四月八日）	小潮	0:26 満 152cm	5:47 干 112cm	11:20 満 155cm	18:35 干　52cm
5月26日 満月 （旧暦四月十五日）	大潮	0:31 干　61cm	6:23 満 217cm	13:04 干　-8cm	19:36 満 217cm
6月 2日 （旧暦四月二十二日）	小潮	1:08 満 164cm	6:48 干 106cm	12:13 満 157cm	19:08 干　61cm

ミナミコメツキガニ

【ミナミコメツキガニ科】
甲幅：約15mm（最大）

（上）ミナミコメツキガニの近影
（中）干潟全体に数多く生息する様子
（左）ミナミコメツキガニの小群
撮影：4月（3点とも）

　マングローブ域は川からの多量の栄養分を分解・浄化する働きがある。

　しかし浅い海のため、埋立てなどによる開発が容易なことから世界中でマングローブ林が失われてきた。

　そのことは沖縄でも同様で、現在残されているマングローブ林は貴重な自然といえる。

撮影：4月　オヒルギの純林の内部

マングローブ域

撮影：4月

撮影：4月

撮影：4月

マングローブとは

　日本における主なマングローブ林の形成は奄美大島以南に限られており、さんご礁とともに熱帯海域の特徴的景観といえる。

　マングローブとは、主に熱帯の河口や沿岸の干潟の、潮の干満によって干出と冠水を繰り返す海域に生育する植物群の総称である。沖縄県では7種が知られる。

> 代表的なマングローブ
>
> 写真上：**オヒルギ**
>
> 【ヒルギ科】花のガクが赤い。葉は先が尖る。別名：アカバナヒルギ
>
> 写真中：**メヒルギ**
>
> 【ヒルギ科】葉が丸い。別名：リュウキュウコウガイ
>
> 写真下：**ヤエヤマヒルギ**
>
> 【ヒルギ科】葉は丸いが先は針のように尖る。タコの足のような支柱根がある。別名：オオバヒルギ

　その後背地からはサキシマスオウノキや、サガリバナ、ハマジンチョウなどが知られるが、それらはバックマングローブ域の構成種などといわれる。

※ヒルギは東村の「村の木」

（散布体）

撮影：12月

オヒルギ

長さ：約15cm

撮影：4月

メヒルギ

長さ：約20cm

撮影：6月

ヤエヤマヒルギ

長さ：約25cm

根の形状

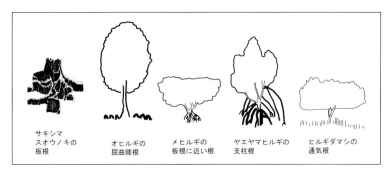

サキシマ
スオウノキの
板根

オヒルギの
屈曲膝根

メヒルギの
板根に近い根

ヤエヤマヒルギの
支柱根

ヒルギダマシの
通気根

サキシマスオウノキ

【アオイ科】大きな板根になる。
樹高は5～15mになる。奄美大
島以南に分布。

撮影：3月　東村の天然記念物の木

マングローブ域

撮影：3月

ミナミトビハゼ
【ハゼ科】全長：約10cm　胸鰭が大きく、前にも動く。方言：とんとんみー

マングローブ域周辺は陸域と海域の接点にあって、泥や土壌を保持し、カニや貝、ゴカイ類をはじめ多くの動物たちの格好の生息場所となる。

マングローブ林は小さな生命の隠れ場所にもなり、「生命のゆりかご」ともいわれる。

撮影：3月

オキナワハクセンシオマネキ
【スナガニ科】甲幅：約3cm

撮影：5月

ヒメシオマネキ
【スナガニ科】甲幅：約4cm

撮影：2月

マドモチウミニナ
【キバウミニナ科】
殻長：約4cm

撮影：5月　オキナワアナジャコの塚

オキナワアナジャコ
【オキナワアナジャコ科】
体長：約20cm　大きな塚をつくる。

撮影：3月
アオサギ
【サギ科】全長：約95㎝　冬鳥

渡り鳥の休息場・餌場

　マングローブ域の豊富な生き物を餌として、野鳥が集まる。沖縄では春と秋に通過していく旅鳥や、冬に北から越冬のために飛来する冬鳥がやって来る。

　名護市の羽地内海とその周辺では194種もの鳥が確認されており、約半数の100種近くが移動する鳥で、60種あまりが観察例の少ない迷鳥とのこと。(参考図書⑰より)

　そのうち干潟を中継地として利用する鳥も多く、干潟は賑やかである。

セイタカシギ
【セイタカシギ科】
全長：約35cm。冬に数が多く、越冬するものもある。撮影：3月
(関連p.53)

撮影：3月
ホウロクシギ
【シギ科】全長：約60㎝。
旅鳥（一部越冬）

撮影：3月
アカアシシギ
【シギ科】全長：約30cm。
旅鳥（一部越冬）

撮影：12月
アオアシシギ
【シギ科】全長：約35cm。
旅鳥（一部越冬）

撮影：5月
キアシシギ
【シギ科】全長：約25㎝。
旅鳥（一部越冬）

● 立冬・小雪（おおよそ11月）

ケービンの　名残を辿る　小夏かな

（2019年・沖縄県鉄道跡を小旅行）

復元された与那原駅舎

冬空を　覆う大樹の　安らぎよ（2020年・沖縄には常緑広葉樹の大樹）

麗人の声冴える　大講義室（2020年）

● 大雪・冬至（おおよそ12月）

歳末に　元気届けよ　車えび（2019年・活きたまま宅配のお歳暮を送る）

追うカラス　泣く落ち鷹の　高き声（2020年）

初孫の知らせや　冬をホカホカと（2020年）

● 小寒・大寒（おおよそ1月）

学園の　若きスタッフ　冬は無し（2019年・受験シーズン）

春を待つ孫に　絵本のプレゼント（2020年・まだひと月の孫へ!?）

第5章

黒潮、
さんご礁域

黒潮の海

撮影：3月　黒潮の海

　沖縄県の気候は黒潮の影響を受けている。黒潮は赤道付近から西太平洋を北上し、沖縄県近海に暖かく、冬でも20度を下回ることのない海水を運ぶ。与那国島周辺はカジキ類の漁場として有名なほか、沖縄県近海ではカツオ・マグロ類もよく漁獲される。

　近年ではパヤオ（浮き漁礁）の集魚効果を利用した漁業のほか、養殖も盛んに行なわれている。

パヤオ（浮漁礁）　海上での仕事を終えた後、海産物店の集客に効果を発揮している。

沖縄県の代表的"さかな"は？

撮影：3月　名護魚市場

　沖縄県の魚というと、さんご礁の彩りの派手な魚がよくイメージされているが、最も漁獲が多いのはマグロ類である。

第1位	まぐろ類	………	76.8%
第2位	その他魚類	……	12.8%
第3位	かじき類	………	5.5%
第4位	かつお類	………	3.2%
第5位	さめ類	…………	0.7%

平成29年度　魚種別漁獲割合（生産量）

マグロの種類

クロマグロ漁の話
題の新聞記事
琉球新報
2005年5月22日

　沖縄県近海のマグロは、クロマグロ（本マグロ）、キハダ、メバチ、ビンナガの主に４種である。
　クロマグロは沖縄県近海が産卵場と言われ４〜５月に漁獲される。最も多く獲れるのはキハダで、メバチは多くなく、県民にはキハダが好まれる。２〜３キロの若魚を「しびまぐろ」と呼ぶ。ビンナガも県民には人気があり、好まれている。

キハダ
【サバ科】全長：約２ｍに達する。体が黄色味がかっているのが特徴。全長60㎝前後の若魚を「きめじ」と呼ぶこともある出世魚。

ビンナガ
【サバ科】全長：約1.2ｍ達する。マグロの中では小型。胸鰭がとても長く、泳ぐ姿を上から見るとトンボが飛んでいる姿にも似ている。
別名：ビンチョウ、トンボマグロ

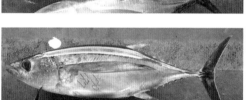

（上２点）撮影：３〜４月

沖縄県民とマグロ

　１世帯あたりのマグロ消費量を見ると、沖縄県民は全国平均の２倍近くを食べているといわれ、マグロ好きを示す結果となっている。

マグロ丼定食

沖縄美ら海水族館 正面入口　撮影：2021年2月

撮影：2018年4月

　黒潮は南西諸島の西側を約100kmの幅で北上していて体感することは難しい。
　しかしカツオ・マグロ類をはじめもっと大型の回游魚なども、その一部を水族館で見ることができる。

撮影：2021年2月

ジンベエザメ
【ジンベエザメ科】
　魚類中最大。全長10〜12mに達する。読谷沖などから捕獲される。
　沖縄美ら海水族館では、成熟した個体を見ることができる。

撮影：2018年4月

撮影：2021年2月

ナンヨウマンタ
【イトマキエイ科】
　全幅約4m近くにもなる。マンタと呼ばれるエイには、ナンヨウマンタ、オニイトマキエイなどの種類がある。
　オニイトマキエイは全幅約6mに達するといわれ、エイでは最大。
　石垣島石崎周辺では、回游するナンヨウマンタを観察するダイビングツアーが行われている

ザトウクジラのヘッドスラップ　鼻孔は2つ　　　　　撮影：1月

のんびりと海面に上体を出した様子　　　　　　　撮影：1月

　ザトウクジラは、北極海に近いベーリング海から南下し、沖縄へは1～3月ごろに交尾や子育てのために来るといわれる。

　大きさは親が12～15ｍ、子どもが4ｍある。遊びのような様々な動作を見せることから、ホエールウオッチングの対象となっている。(関連p.18、19)

尾上げ潜行　撮影：1月

（右）赤ちゃんクジラが
母親の頭の上でゴロゴ
ロして遊んでいる様子

撮影：1月

水面上から見た親子クジラ　仔クジラが約4m（右）、その下に大きな親がいる　　撮影：2月

さんご礁域

撮影：6月
名護市 21 世紀の森ビーチ（人工海岸）

グンバイヒルガオ
【ヒルガオ科】

沖縄の砂浜は、なぜ白い？

自然海岸の砂の近影

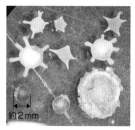

約2mm

顕微鏡で見たいろいろな
有孔虫

　沖縄の海岸の砂を近くで見ると、サンゴの骨格のかけら、貝殻の破片、ウニの
トゲなどが細かくなっていることが解る。また土産で売られている「星の砂」（生
物名：ホシスナ）は、有孔虫の仲間の殻である。本州では川によって運ばれた岩
石からできる砂なのに対し、沖縄の白い砂浜はさんご礁に棲む生き物たちが姿を
変えて海から運ばれたり、細かく砕かれたりしたものといえる。さんご礁は、冬
でも 18 度以上の温暖な海にできる。

沖縄の海は、なぜターコイズブルーに輝く？

撮影：7月
今帰仁村乙羽岳から見た古宇利島周辺の眺望

さんご礁地形の模式断面図

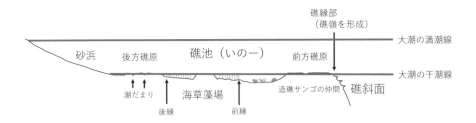

　太陽光の成分は七色と言われる。太陽光が海に届くと青い色以外は吸収され、青い色だけが反射して、深い海は紺色になる。しかし沖縄の太陽光は日射角度が大きいため日差しが強く、陸に近い10m程より浅い海では白い砂底などによって乱反射を起こし、淡く緑色にも近いターコイズブルーに輝く。グラデーションになっているのは、水深が浅い海の部分である。

撮影：6月

オオハマボウ

【アオイ科】ハイビスカスの仲間。葉はハート型で裏面には柔らかく細かい毛が密生しており、触り心地が良い。方言：ゆうな（関連p.37）

撮影：6月

ミフクラギ

【キョウチクトウ科】樹液は有毒、実も有毒。色はいかにもおいしそうなので「食べられるのか？」とよく聞かれるが、食べられない。別名：オキナワキョウチクトウ

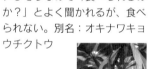

撮影：6月

アダン

【タコノキ科】葉の縁と裏面の中肋には、硬く鋭いトゲがあり危険。実は夏期に熟する。（関連p.37）

モンパノキ
【ムラサキ科】葉は厚みがあるが、柔らかな触感がある。

撮影：6月

ハマボッス
【サクラソウ科】

撮影：4月

　砂浜は乾燥しやすく水が少ない、塩分が高い、風が強く、基盤となる砂が動きやすいなど、植物の生育には厳しい環境だが、海浜植物には次のような特徴が挙げられる。①葉が厚く表面が硬い、②背が高くならず這うものが多い、③葉や芽が砂に埋もれても、新たに茎を伸ばし砂の表面に出るなど。

何もいないように見えても、生き物にとって重要な場所です。

● 穴の住人は？

撮影：4月

● 誰の足跡？

撮影：7月

さんご礁域

動物と苦悩

● 穴の住人は？

穴の住人は？　穴の住人のほとんどは、おそらくスナガニの仲間。

レイチェル・カーソン著『センス・オブ・ワンダー』の冒頭、秋の嵐の夜の浜で甥のロジャーと観察したのは、このカニの仲間。

撮影：5月

ツノメガニ
【スナガニ科】甲幅：約4cm。夜に浜を走る姿から、ゴーストクラブ（幽霊ガニ）とも呼ばれる。

スナガニの仲間の若い個体
ツノメガニの眼の突起は、小さいころにはまだない。

撮影：3月

● 誰の足跡？

産卵にやってきたウミガメ類の足跡

沖縄には主にアカウミガメ、アオウミガメ、タイマイが上陸する。5～9月に産卵。ウミガメは弱い光にも敏感なので、産卵の邪魔をしないようにしたい。

ヤシガニ
【オカヤドカリ科】甲長：約15cm　夜行性
沖縄島ではほとんど見られなくなった。昼間は岩の割れ目や穴に潜むため、海岸の改変と無関係ではないだろう。

114

海岸のプラスチックゴミ

プラスチックは腐らないため生活用品として耐久性に優れた便利なものだが、人の管理を離れてしまった場合には、自然の中に蓄積されていき、海岸には多くの漂流ゴミとして打ちあがっている。

撮影：2016年3月　名護　羽地

野生生物への影響

腐らないプラスチック製品は、野生生物の生活の場に入り、数多くの様々な悪影響を出している。

足に釣り糸がからまったエリグロアジサシ
鳥は自分ではずすことができない。

写真提供：環境省

プラスチック製のふたを貝殻の代わりに
使っているオカヤドカリの仲間　撮影：4月

打ち上げられたアオウミガメの甲羅には、成長が妨げられ変形した痕跡があった。ロープが長い間かかっていたと思われる。

撮影：2016年8月

　「ポイ捨て禁止」は最低限として、それで終わらず、意図せず人の管理を離れるプラスチック製品（洪水や津波など自然災害での流出もある）も大量だろうと考えると、循環型社会に向け製品としての在り方も問われるだろう。

さんご礁域

海草藻場を海岸から見た様子。何もないように見える波打ち際は、多くの小さな生き物にとって重要な場所となっている。

撮影：7月

アマモ場

ジュゴンが食べる草の草原。ジュゴンは方言で「ざん」と呼び、ジュゴンが食べる草を「ざんぐさ」という。

撮影：5月　海草藻場の水中景観

　サンゴがたくさんいる礁原よりも内側（陸側）の海を「礁池」と呼ぶ。場所によっては、多くの海草（うみくさ）が生育する海草藻場となっている。干潮時には大人の膝ほどの水深（50cm 以下）の浅い海に、色鮮やかな魚たちなども棲んでいる。

116

海藻とは？　海草とは？

● 海藻；海産の「藻類」を指し、種子植物を含まない。
● 海草（うみくさ）；海産の種子植物。

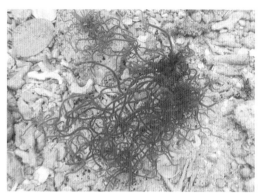

モズク
【モズク科】
沖縄の代表的海産藻類。養殖が
盛んに行われている。
方言：すぬい

撮影：4月

リュウキュウアマモ
【ベニアマモ科】

撮影：5月

地下茎と新芽

　どちらも水中で生活し、太陽エネルギーで光合成を行う生き物。
　海藻（かいそう）はモズクやヒトエグサ（方言名：あーさ）に代表されるように、葉、茎、根の区別がない。根があるように見えても、単に岩に付く形状でしかない。
　海草は高等植物で、葉、茎、根、地下茎を持ち、花も咲き、結実する。

さんご礁域

色鮮やかな魚たち

潮が引くと膝までの深さ（50cm以下）ほどの浅い海にも、色鮮やかな魚たちがいる。

樹枝状のサンゴ群体に隠れているのは

ルリスズメダイ　撮影：4月
【スズメダイ科】

ハタゴイソギンチャクと
共生するカクレクマノミ
【スズメダイ科】方言：いぬび

撮影：7月

隠れ身の術

砂の中から目だけを出している生き物？

砂の中から目だけを出している生き物？

砂に隠れるカニ？（水中）
撮影：5月

ソデカラッパ　撮影：5月
【カラッパ科】甲幅：約7cm。大きな葉状の鋏脚で、顔を隠す。

危険生物

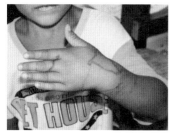

ハブクラゲの傷跡　撮影：8月

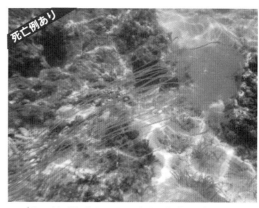

ハブクラゲ（触手は 1.5m 近くにも達する）　撮影：7月

ハブクラゲ

最も被害が多い。刺される
ととても痛く、ショックで
気絶することもある。切れ
た触手でも刺される。処置
が悪い場合には、ひどい傷
跡が残る場合もある。生き
物の習性や応急処置は、頭
に叩き込んで準備する必要
がある。(関連p.119)

ミノカサゴの仲間
（キリンミノ）

【フサカサゴ科】
全長：約20cm。
背の毒針を立ててくる。

シロガヤ　　　　撮影：8月

【ハネガヤ科】全長5cm

ハナブサイソギンチャク

【ハナブサイソギンチャク科】
直径：約30cm　砂泥地にいる。
撮影：8月

オニダルマオコゼ

【オニオコゼ科】
全長：40cm
背に太い毒針。

　生き物たちの世界を垣間見ることは非常に楽しいことであり、好奇心を満たす
ことは大きな喜びをもたらすだろう。

　しかし海草藻場の自然には多くの危険な現象があり、また危険な生き物たちも
多く存在していることを忘れてはいけない。

さんご礁域

海草藻場の役割

　海草藻場には目につくものに限っただけでも、おびただしく多様で豊かな、驚きに満ちた生き物たちの世界が広がっている。小さなスペースや時間では、とうてい紹介できないし、どんなに詳細な調査結果があったにしろ、全貌を把握したと言い切れる調査は、おそらくこの世に存在しないだろう。

ニセクロナマコ　　　　　　撮影：4月
【クロナマコ科】体長：50cmを超える
ものも。

クロナマコ　　　　　　　　撮影：5月
【クロナマコ科】体長：約25cm　体に
砂を付けている。体は堅い。

アオヒトデ
【ホウキボシ科】
直径：約30cm
撮影：7月

マンジュウヒトデ
【コブヒトデ科】
直径：約20cm
撮影：7月

コブヒトデ
【コブヒトデ科】
直径：約30cm
撮影：5月

海草藻場の役割

アイゴ類の幼魚の群れ　撮影：7月

アミアイゴ（幼魚）
【アイゴ科】成魚は全長約15cmになる。
幼魚は約3cm。方言：すく(関連p.77)

　海草藻場は浅い海のため、様々な生き物たちの幼椎仔魚の保育場、産卵場、餌場などであり、生き物たちの「生命のゆりかご」となっている。

　また海草が根や地下茎を伸ばすことは、水質の浄化や基盤の安定化の機能を果たしている。

　しかし浅いということで、埋立てなどによる開発が容易なことから、沖縄では最も大きな面積で失われていった自然なのかもしれない。

アオリイカ
アオリイカの卵　長さ約10cm。アオリイカの成体は頭長約40cmに達する。味ではイカの王様。方言：しるいちゃー、しろいか

撮影：4月　アオリイカの卵塊

撮影：3月

さんご礁域

サンゴ類

サンゴとは？

　サンゴはイソギンチャクやクラゲの仲間の動物で、体は小さいものがほとんど。基盤に固着し、炭酸カルシウムで骨格をつくり群体となる。

サンゴの近影
画像提供：一般財団法人沖縄美ら島財団

口（くち）
ポリプ
触手
ポリプの下側に骨格が隠れている
ポリプ
ポリプ
ポリプとポリプの間は共肉で繋がっている
サンゴのポリプ模式図

共生藻と生きる浅い海のサンゴ類

サンゴ群体は光を取り合い成長する。　撮影：2018年7月

　浅い海にいるサンゴ類の多くには褐虫藻という藻類が共生している。サンゴはその光合成エネルギーをもらう。従って主に貧栄養の透明度が高く、太陽光が届きやすい海に多く生育する。

　しかし30度を超える高温が続くなどのストレスがかかると褐虫藻が逃げ、白い骨格が透けて見える。これを「白化現象」という。

サンゴ群体の形にはテーブル状、樹枝状、塊状、被覆状など様々ある。

　また色は茶色が最も多いが、中には鮮やかな色もあり、様々である。

（左）樹枝状　（右上）テーブル状
（右下）塊状（かいじょう）

撮影：4月

撮影：7月

撮影：7月

（左上）アザミサンゴ
（左下）ハナヤサイサンゴ

（上2点）撮影：5月

礁縁部の景観　撮影：2020年7月

　サンゴ類が特に豊富で、折り重なるように生育するのは、礁縁部の礁原（前方礁原）と礁斜面である_(p.111の図を参照ください)。サンゴ群体の中やその周辺には、たくさんの生き物が隠れたり、棲み込んだりしている。

さんご礁域

サンゴと観賞魚

スノーケリングによる魚の観察（礁湖）　撮影：7月

撮影：7月
ミスジチョウチョウウオ
【チョウチョウウオ科】
全長：約12cm

撮影：7月
ヤリカタギ
【チョウチョウウオ科】
全長：約12cm

　さんご礁にはごく浅い海から、多くの色鮮やかな生物が暮らしている。サンゴ群体の中に隠れて生きるものも多い。

光の当たり方によって色が変わる魚もいる。ハナゴイは下から見上げるとピンク色だが、上から見ると青色に見える。

ハナゴイ
【ハタ科】全長：約15cm
尾鰭の先は長い
撮影：5月

モンガラカワハギ
【モンガラカワハギ科】
全長：約25cm
撮影：10月

撮影：7月
フエヤッコダイ
【チョウチョウウオ科】
全長：約12cm

撮影：5月
デバスズメダイ
【スズメダイ科】全長：約7cm

　さんご礁の生き物は隠れ場所をはじめサンゴ類への依存が大きく、サンゴが死滅するとともに失われるものが多い。

さんご礁域

　礁斜面ではさんご礁の魚が特に豊富で、大きなものから小さなものまで、魚影を最も多く見ることができる。

　警戒心が強く隠れるものが多いが、しばらくじっとしていると、次々と生き物が目の前に現れてくることもある。

礁斜面　右の砂底は水深約 10 m　　撮影：10月

　礁斜面では急激に水深が増すが、水が透明で底が見えると、浅い海のように勘違いすることがあり危険である。

　礁原の切れ目から、礁斜面へとても流れが早い離岸流が発生する場があることにも注意しなければならない。

礁斜面の上から下を見る　　撮影：2018年4月

　礁斜面を上からのぞき込むと、多くの魚が泳いでいくのを見ることができるだろう。

　しかしここは波が砕ける場所でもあり、非常に危険な場所である。

撮影2018年5月　名護

さんご礁は「魚が豊富」「豊かな海」とよく言われるが、特定の魚を得るのは難しい。種類は数百種もあり、とても多いが、それぞれの量は多くない。さんご礁の魚は、多種少量の海洋資源である。

さんご礁の生き物の種類の多様性は、水族館を訪れると、より解るだろう。

現在は見る機会がなかなかない生き物についても、長期飼育に成功し見ることを可能にしているものもある。

メガネモチノウオ

【ベラ科】通称：ナポレオンフィッシュ

タマカイ　【ハタ科】全長2.5mに達する

ニシキエビ　【イセエビ科】

（3点とも）撮影：2018年4月　沖縄美ら海水族館

さんご礁の役割と失われる生態系のバランス

さんご礁には防災上の消波機能のほか、海産資源の提供、海洋レジャー、研究・学習の場としての機能などの役割がある。しかしマングローブ域と同様に水深が浅く、埋立てが比較的容易なため失われてきた。また陸に近いため栄養塩の流入の影響により、生態系のバランスが失われる可能性などもある。

おわりに

　私が講義する大学では約半数の学生が沖縄県外から来ていて、多くは沖縄での生活を体験する初めての春から「沖縄の自然」の講義を受講する。身近な「沖縄の自然」について質問してもらうと、「沖縄のゴキブリ、沖縄のカタツムリは、なぜデカいのですか？」、「亜熱帯だから巨大化するのですか？」といった質問が年々多くなっている。家の中や夜の街の側溝あたりから出没するワモンゴキブリや、アフリカマイマイという名の大きなカタツムリは、沖縄を代表する自然物かのように紹介されるが、外来種であって本来の沖縄の自然ではない。人が関与した「沖縄らしくない自然」だ。そして亜熱帯だからといって、巨大化はしない。例えば沖縄の樹木は台風などで強い風を受けるためか、背が低い。哺乳類では南ほど体が小さいといわれる（小さな虫や貝に対してなのに「巨大」とは、変だなと思う）。

　また「貝は石のように、砂浜に転がっているのは知っているけど、生きている姿が想像できません」という学生も密かに増えているようだ（恥ずかしそうに隠れるように、小さな声で直接に聞いてくる）。自然理解と言っても、知識がついてこないのは、親世代も含め自然体験が少ないのだろう。

　生活の利便性や経済的な発展追及、個人的な満足などのために、自然は多く無理解のまま失われている。30年前、ある写真家が「自然を撮りたいと思うなら１日も早く、借金してでも早く撮り始めないといけないよ。だって自然はどんどん姿を変えていて、場合によっては無くなってしまっているから」と言った。30年がたった今、その言葉は本当だったと思う。そして今後もそうだろう。

　沖縄の自然に関しては、その価値が広く知られ、失われることへの警鐘が鳴らされ続け、保全への努力が具体的になされているが、事態は楽観的とは言えない。物流の巨大化、グローバル化、個人の自由の拡大、規範意識の低下など心配事が多い。もっと多くの人たちの理解がないと、事態は良くなりそうにない。「自然を愛し、次の世代に引き継ごう」という言葉はよく使われるが、では「沖縄らしい自然とは？」「自然を守るとは？」となると、世代によっても育ちによっても、考え方がさまざまとなる。愛好するやりかたも、守るやりかたも、さまざまとなる。

　新型コロナウイルス感染防止で巣籠りをしながら、この本の画像選びをしていた。季節を迎えると全力で美しい花を咲かせる植物たち、小さな体で地球上

の長い距離を移動する鳥たち。お母さんと泳ぐクジラの赤ちゃん。画像を並べながら「生きるってなんだろう」って考えていた。Life is wonderful.「人生って、いいもんだ」「大寒に緋ざくら　した向きに咲くや」

　ともあれ自然や生き物の世界は、素晴らしい。自然や生き物とともにあれば、人生に疲れたり、孤独感につぶれそうになったりは決してないだろう。自然の美しさと不思議を、いつも感じていられるだろう。

　大切なことは自然や生き物に聞いてみれば良い。なぜならヒトも自然物であり、生き物の一員だから。

　最後に、この場所に二人の方への感謝の言葉を綴っておきたい。いつも山や海へ遊びに誘ってくださる座間味眞さん（沖縄いちむし会会長）へ。会社を休職した時、辞めてしまった時などなど、親のようにいい距離で心配してくれ、今の私がいます。もう一人は名護市屋部の「絵本屋 Polaris」の主人、上原尚子さんへ。ポラリスで「自然のとびら」（文：マグワイヤ、絵：クロル）を手に取らせていただいた時、「本って、やっぱりいいな」とあらためて気づき、今回の作業の大きな力になりました。この本から、多くの人に自然理解の素晴らしさや実用性の一端に気づいていただけたらと願います。ありがとうございました。

（2021年2月記す）

（追記）

　この本を作る過程である人が言った。「さんご礁が色とりどりとか、昔はもっとあったとか、たいがいは礁斜面の、成長の早いサンゴが、異常ともいえる状態で繁茂している画一化したイメージの基で『サンゴの再生』が議論される」「それはさんご礁の一部の、ある時期の状態にすぎないかもしれないが、そのイメージに近づけようと身勝手にも考えてしまう」と。

　理解したと思ったはずの画一化されたイメージというものは、時として「本当の自然理解」の邪魔になる。この本は沖縄県の自然の姿について、これまでの表現とは違うイメージも含めて読者に伝えようと試みているが、新たな画一的イメージを与えてしまう懸念もあることに、著者は襟を正す必要がある。

　そしてまた、この本の自然が単なる記録保存となり、「こんな自然も昔はあったな」とならないことを祈る。

2021年8月　著者

参考図書

① 沖縄県文化環境部自然保護課 (編). 2000. 沖縄の自然ガイド　森と海の不思議な生き物たち
Nature in Okinawa. 沖縄県文化環境部自然保護課.
② 『沖縄県の山』編纂会 (編). 2010. 沖縄県の山. 山と渓谷社.
③ 琉球大学理学部『琉球列島の自然講座』編集委員会 (編). 2015. 琉球列島の自然講座－サンゴ礁・島の生き物たち・自然環境－. ボーダーインク.
④ 尾方隆幸ほか (編). 2011. 沖縄島の石灰岩とカルスト地形. 琉球列島ジオサイト研究会.
⑤ 名護市教育委員会文化課文化財係 (編). 2014. 名護市嘉陽層の褶曲ハンドブック. 名護市教育委員会文化課文化財係.
⑥ 安座間安史. 2008. 沖縄の自然歳時記－季節と生きものたち－. 沖縄文化社.
⑦ 石島英・正木譲. 2001. 沖縄天気ことわざ－気象季語から旧暦まで－. 琉球新報社.
⑧ 福里美奈子・ミキシズ. 2020. おきなわの星. ボーダーインク.
⑨ 沖縄生物教育研究会 (編). 2004. フィールドガイド沖縄の生きものたち. 沖縄生物研究会.
⑩ 初島住彦・中島邦雄. 1979. 琉球の植物. 講談社.
⑪ 片野田逸朗. 1999. 琉球弧・野山の花. 南方新社.
⑫ 大川智史・林将之. 2015. 琉球の樹木－奄美・沖縄～八重山の亜熱帯植物図鑑－. 文一総合出版.
⑬ 幸地良仁. 1992. おきなわの川. むぎ社.
⑭ 名護博物館 (編). 2012. 発見！私たちのすむ名護の川と自然～あなたは何本の川を知っていますか？～. 名護博物館.
⑮ 沖縄総合事務局北部ダム統合管理事務所 (編). 2002. 身近な自然とふれあう漢那ダム自然観察ガイド. 沖縄総合事務局北部ダム統合管理事務所.
⑯ 東清二ほか. 1996. 沖縄昆虫野外観察図鑑 (増補改訂版：1～7巻). 沖縄出版.
⑰ 羽地内海の自然をを守り育む会 (編). 2008. 羽地内海うむしるむん図鑑－羽地内海の多様な生きものと人々の暮らし－. 羽地内海の自然を守り育む会事務局.
⑱ 沖縄県文化環境部自然保護課 (編). 2003. サンゴ礁の磯－大度海岸－自然観察ハンドブック. 沖縄県文化環境部自然保護課.
⑲ 当真武. 2019. －サンゴ礁の植物－沖縄の海藻と海草ものがたり. ボーダーインク.
⑳ 山城秀之. 2016. サンゴ－知られざる世界－. 成山堂書店

沖縄自然観望

索　引

植物等 分類順

大分類	生物名など・ページ	
【原生生物】		
渦鞭毛藻類	褐虫藻	122
有孔虫	星の砂（ホシスナ）	110
藻類	モズク	117
藻類	ヒトエグサ	117
【草本】		
[単子葉類]		
イネ科	イネ 23 35 43	53
イネ科	ススキ	52
イネ科	サトウキビ 56	60
ユリ科	テッポウユリ	30
バショウ科	バナナ	38
ラン科	ナンゴクネジバナ	29
ラン科	ナゴラン	32
ラン科	ツルラン	42
ベニアマモ科	リュウキュウアマモ	117
[双子葉類]		
サクラソウ科	ハマボッス	113
シソ科	アカボシツナミソウ	87
キキョウ科	サイヨウシャジン	82
キク科	マルバハグマ（オキナワテイショウソウ）	56
キク科	リュウキュウツワブキ	92
モウセンゴケ科	コモウセンゴケ	23
【樹木】		
[シダ植物]		
ヘゴ科	ヒカゲヘゴ（モリヘゴ）	85
[基部被子植物群]		
センリョウ科	センリョウ	60
クスノキ科	タブノキ	20
[単子葉類]		
タコノキ科	アダン 37	112
ショウガ科	ゲットウ 28	81
[真正双子葉類]		
マンサク科	フウ（タイワンフウ）	54
マメ科	イルカンダ（クズモダマ）	27
マメ科	デイゴ	29
マメ科	ナンバンサイカチ（ゴールデンシャワー）	36
マメ科	ホウオウボク	43
バラ科	カンヒザクラ 26 54 63 64（ヒカンザクラ）	
バラ科	クメノサクラ	27
バラ科	ウメ	62
バラ科	リュウキュウバライチゴ	65
クロウメモドキ科	ヤエヤマネコノチチ	86
クワ科	ガジュマル	85
ブナ科	スダジイ 20 53 84（オキナワジイ）（イタジイ）	
ブナ科	マテバシイ	85

大分類	生物名など・ページ	
ブナ科	オキナワウラジロガシ 85	86
ヤマモモ科	ヤマモモ	30
ヒルギ科	オヒルギ 97 98 99（アカバナヒルギ）	
ヒルギ科	メヒルギ 98 99（リュウキュウコウガイ）	
ヒルギ科	ヤエヤマヒルギ 98 99（オオバヒルギ）	
キントラノオ科	アセロラ	39
ヤナギ科	イイギリ	59
シクンシ科	モモタマナ（コバテイシ）	59
フトモモ科	フトモモ	41
フトモモ科	アデク	85
ノボタン科	コバノミヤマノボタン 34	87
ノボタン科	ハシカンボク	47
ミカン科	シークヮーサー 24 46 62（ヒラミレモン）	
アオイ科	トックリキワタ 19 51（南洋ざくら）	
アオイ科	オオハマボウ 37	112
アオイ科	ハイビスカス（ブッソウゲ）	43
アオイ科	サキシマフヨウ	55
アオイ科	サキシマスオウノキ 98	99
ユキノシタ科	リュウキュウコンテリギ	87
サガリバナ科	サガリバナ	98
カキノキ科	リュウキュウガキ	85
サクラソウ科	シシアクチ	85
ツバキ科	イジュ	31
ツバキ科	ヤブツバキ	63
ツバキ科	ヒメサザンカ 63	86
ハイノキ科	アオバナハイノキ	21
エゴノキ科	エゴノキ 21	65
ツツジ科	ツツジ	22
ツツジ科	ギーマ 27 55（ギイマ）	
ツツジ科	サクラツツジ	64
アカネ科	サンダンカ	38
アカネ科	マルバルリミノキ	57
アカネ科	ボチョウジ（リュウキュウアオキ）	85
アカネ科	ナガミボチョウジ	85
キョウチクトウ科	ミフクラギ（オキナワキョウチクトウ）	112
ムラサキ科	モンパノキ	113
ヒルガオ科	グンバイヒルガオ	110
ゴマノハグサ科	ハマジンチョウ	98
シソ科	オオムラサキシキブ	58
キツネノマゴ科	コダチスズムシソウ	87
ノウゼンカズラ科	コガネノウゼン	25
ハナイカダ科	リュウキュウハナイカダ 21	86
ウコギ科	フカノキ	85
【菌類】		
	シイノトモシビタケ	32

動 物 分類順

生物名など・ページ		
【刺胞動物】		
[ヒドロ虫類]		
シロガヤ		119
[クラゲ類]		
ハブクラゲ	40	119
[イソギンチャク類]		
ハタゴイソギンチャク		118
ハナブサイソギンチャク		119
[サンゴ類]		
サンゴ類	122	123
アザミサンゴ		123
ハナヤサイサンゴ		123
【軟体動物】		
[イカ類]		
アオリイカ		121
[貝類]		
マドモチウミニナ		100
【節足動物・昆虫類】		
[チョウ類]		
ジャコウアゲハ		21
コノハチョウ	47	87
フタオチョウ	49	86
[トンボ類]		
リュウキュウハグロトンボ		93
ベニトンボ		95
[甲虫類]		
オキナワスジボタル		33
クロイワボタル		33
オキナワマドボタル		33
タテオビフサヒゲボタル		33
[セミ・カメムシ類]		
イワサキクサゼミ		29
クマゼミ		39
オオシマゼミ		51
クロイワツクツク		51
ナナホシキンカメムシ		53
【節足動物・甲殻類】		
[アナジャコ類]		
オキナワアナジャコ		100
[テナガエビ類]		
ミナミテナガエビ		94
[オカヤドカリ類]		
ヤシガニ		114
オカヤドカリの仲間		115
[イセエビ類]		
ニシキエビ		127
[カニ類]		
ミナミコメツキガニ		97
オキナワハクセンシオマネキ		100
ヒメシオマネキ		100
スナガニの仲間		114
ツノメガニ		114
ソデカラッパ		118
オカガニ		77

生物名など・ページ		
【棘皮動物】		
ニセクロナマコ		120
クロナマコ		120
コブヒトデ		120
アオヒトデ		120
マンジュウヒトデ		120
【魚類・軟骨魚類】		
ジンベエザメ	106	107
マンタ		107
ナンヨウマンタ		107
オニイトマキエイ		107
【魚類・硬骨魚類】		
[ウナギ科]		
オオウナギ		93
[フサカサゴ科]		
ミノカサゴの仲間		119
キリンミノ		119
[オニオコゼ科]		
オニダルマオコゼ		119
[ハタ科]		
ハナゴイ		125
タマカイ		127
[チョウチョウウオ科]		
ミスジチョウチョウウオ		124
ヤリカタギ		124
フエヤッコダイ		125
[スズメダイ科]		
ルリスズメダイ		118
カクレクマノミ		118
デバスズメダイ		125
[ユゴイ科]		
ユゴイ		95
[ベラ科]		
メガネモチノウオ		127
（ナポレオンフィッシュ）		
[ハゼ科]		
ボウズハゼ		93
ヨシノボリ類		94
ミナミトビハゼ		100
[アイゴ科]		
アイゴ類	77	121
アミアイゴ	77	121
[マカジキ科・メカジキ科]		
カジキ類		104
[サバ科]		
カツオ類		104
マグロ類	104	105
クロマグロ		105
（本マグロ）		
キハダ		105
メバチ		105
ビンナガ		105
（ビンチョウ）		
（トンボマグロ）		
[モンガラカワハギ科]		
モンガラカワハギ		125

生物名など・ページ			
【両生類】			
[イモリ類]			
イボイモリ			89
[カエル類]			
オキナワイシカワガエル			89
【爬虫類】			
リュウキュウヤマガメ		34	88
アカウミガメ			114
アオウミガメ		114	115
タイマイ			114
【鳥類】			
[サギ科]			
白さぎ			50
ダイサギ			50
アオサギ			101
[カモ科]			
ヒシクイ			61
マガン			61
[タカ科]			
サシバ		25	51
アカハラダカ		48	49
[クイナ科]			
バン	35	43	57
ヤンバルクイナ		47	89
[チドリ科]			
ムナグロ		25	55
[シギ科]			
ホウロクシギ			101
アカアシシギ			101
アオアシシギ			101
キアシシギ			101
[セイタカシギ科]			
セイタカシギ		53	101
[アジサシ科]			
ベニアジサシ		35	39
エリグロアジサシ			115
[カワセミ科]			
アカショウビン			36
[キツツキ科]			
ノグチゲラ		31	88
[セキレイ科]			
キセキレイ			48
ハクセキレイ			52
【哺乳類】			
ザトウクジラ	18 19	108	109
ジュゴン			116

和 名 五十音順

生物名など・ページ

【あ】

生物名など	ページ		
アイゴ類	77	121	
アオアシシギ	101		
アオウミガメ	114	115	
アオサギ	101		
アオバナハイノキ	21		
アオヒトデ	120		
アオリイカ	121		
アカアシシギ	101		
アカウミガメ	114		
アカショウビン	36		
アカバナヒルギ	97	98	99
アカハラダカ	48	49	
アカボシタツナミソウ	87		
アザミサンゴ	123		
アセロラ	39		
アダン	37	112	
アデク	85		
アミアイゴ	77		
イイギリ	59		
イジュ	31		
イタジイ	20	53	
イネ	23 35 43 53		
イボイモリ	89		
イルカンダ	25		
イワサキクサゼミ	29		
ウメ	65		
エゴノキ	21	65	
エリグロアジサシ	115		
オオウナギ	93		
オオシマゼミ	51		
オオバヒルギ	98	99	
オオハマボウ	37	112	
オオムラサキシキブ	58		
オカガニ	77		
オカヤドカリの仲間	115		
オキナワアナジャコ	100		
オキナワウラジロガシ	85	86	
オキナワキョウチクトウ	112		
オキナワジイ	20	53	84
オキナワスジボタル	33		
オキナワテイショウソウ	56		
オキナワハクセンシオマネキ	100		
オキナワマドボタル	33		
オニイトマキエイ	107		
オニダルマオコゼ	119		
オヒルギ	97	98	99

【か】

生物名など	ページ		
カクレクマノミ	118		
カジキ類	104		
ガジュマル	85		
カツオ類	104		
褐虫藻	122		
カンヒザクラ	26 54 63 64		

【き】(continued)

生物名など	ページ		
キアシシギ	101		
ギーマ	27	55	
ギーマ	27	55	
キセキレイ	48		
キハダ	105		
キリンミノ	119		
クズモダマ	25		
クマゼミ	39		
クメノサクラ	27		
クロイワツクツク	51		
クロイワボタル	33		
クロナマコ	120		
クロマグロ	105		
グンバイヒルガオ	110		
ゲットウ	28	81	
ゴールデンシャワー	36		
コガネノウゼン	25		
コダチスズムシソウ	87		
コノハチョウ	47	87	
コバテイシ	59		
コバノヒマノボタン	34	87	
コブヒトデ	120		
コモウセンゴケ	23		

【さ】

生物名など	ページ		
サイヨウシャジン	82		
サガリバナ	98		
サキシマスオウノキ	98	99	
サキシマフヨウ	55		
サクラツツジ	64		
サシバ	25	51	
サトウキビ	56	60	
ザトウクジラ	18 19 108 109		
サンゴ類	122	123	
サンダンカ	38		
シークヮーサー	24	46	62
シイノトモシビタケ	32		
シシアクチ	85		
ジャコウアゲハ	21		
ジュゴン	116		
白サギ	50		
シロガヤ	119		
ジンベエザメ	106	107	
ススキ	52		
スダジイ	20	53	84
スナガニの仲間	114		
セイタカシギ	53	101	
センリョウ	60		
ソデカラッパ	118		

【た】

生物名など	ページ		
ダイサギ	50		
タイマイ	114		
タイワンフウ	54		
タテオビフサヒゲボタル	33		
タブノキ	20		

生物名など	ページ		
タマカイ	127		
ツツジ	22		
ツノメガニ	114		
ツルラン	42		
デイゴ	29		
テッポウユリ	30		
デバスズメダイ	125		
トックリキワタ	19	51	
トンボマグロ	105		

【な】

生物名など	ページ		
ナガミボチョウジ	85		
ナゴラン	32		
ナナホシキンカメムシ	53		
ナポレオンフィッシュ	127		
ナンゴクネジバナ	29		
ナンバンサイカチ	36		
南洋ざくら	19	51	
ナンヨウマンタ	107		
ニシキエビ	127		
ニセクロナマコ	120		
ノグチゲラ	31	88	

【は】

生物名など	ページ		
ハイビスカス	43		
ハクセキレイ	52		
ハシカンボク	47		
ハタゴイソギンチャク	118		
ハナゴイ	125		
バナナ	38		
ハナブサイソギンチャク	119		
ハナヤサイサンゴ	123		
ハブクラゲ	40	119	
ハマジンチョウ	98		
ハマボッス	113		
バン	35	43	57
ヒカゲヘゴ	85		
ヒカンザクラ	26 54 63 64		
ヒシクイ	61		
ヒトエグサ	117		
ヒメサザンカ	63	86	
ヒメシオマネキ	100		
ヒラミレモン	24	46	62
ビンチョウ	105		
ビンナガ	105		
フウ	54		
フエヤッコダイ	125		
フカノキ	85		
フタオチョウ	49	86	
ブッソウゲ	43		
フトモモ	41		
ベニアジサシ	35	39	
ベニトンボ	95		
ホウオウボク	43		
ボウズハゼ	93		
ホウロクシギ	101		

生物名など・ページ

生物名など	ページ
星の砂（ホシスナ）	110
ボチョウジ	85
本マグロ	105

【ま】

マガン	61
マグロ類	104　105
マテバシイ	85
マドモチウミニナ	100
マルバハグマ	56
マルバルリミノキ	57
マングローブ	97　98　99
マンジュウヒトデ	120
マンタ	107
ミスジチョウチョウウオ	124
ミナミコメツキガニ	97
ミナミテナガエビ	94
ミナミトビハゼ	100
ミノカサゴの仲間	119
ミフクラギ	112
ムナグロ	25　55
メガネモチノウオ	127
メバチ	105
メヒルギ	98　99
モズク	117
モモタマナ	59
モリヘゴ	85
モンガラカワハギ	125
モンパノキ	113

【や】

ヤエヤマネコノチチ	86
ヤエヤマヒルギ	98　99
ヤシガニ	114
ヤブツバキ	63
ヤマモモ	30
ヤリカタギ	124
ヤンバルクイナ	47　89
ユゴイ	95
ヨシノボリ類	94

【り】

リュウキュウアオキ	85
リュウキュウアマモ	117
リュウキュウガキ	85
リュウキュウコウガイ	98　99
リュウキュウコンテリギ	87
リュウキュウツワブキ	92
リュウキュウハグロトンボ	93
リュウキュウハナイカダ	21　86
リュウキュウバライチゴ	65
リュウキュウヤマガメ	34　88
ルリスズメダイ	118

地学・気象用語等

【あ】

アジサシの渡り	35　39
亜熱帯	3　10
アリソフの気候区分	10
糸満ハーレー	76
イネの収穫	35　53
イネの田植え	23　43
沖縄島中南部	11
沖縄島北部	11
温暖湿潤気候	10

【か】

干満の変化	96
気温	10
旧盆	79
黒潮	10　104〜109
ケッペンの気候区分	10
降水量	10
紅葉	54　59
古期岩類	12
固有種	86〜89

【さ】

さんご礁	13　110〜125
礁原	111　123
礁斜面	111　123
白化現象	122
人口密度	9

【た】

台風	3　10　42　44
大陸高気圧の縁	10　80
高島（こうとう）	11　85　90
タカの渡り	25　48　49〜51
中秋の名月	79
つゆ（梅雨）	3　10
低島（ていとう）	11　85　90
常夏	10

【な】

熱帯夜	10

【は】

東村つつじ祭り	22
ポリプ	122

【ま】

真夏日	10
猛暑日	10

【ら】

琉球石灰岩	12　13

方言生物名

【海藻】

あーさ	117
すぬい	117

【植物】

いぺー	27
うーじ	56　60
うじるかんだ	27
ぎーま	27
くわでぃーさー	59
さんにん	28
しーくわーしゃー	24　46　62
ゆうな	37　112
ゆーなぎ	37

【動物】

いぬび	118
いーぶー	94
くみらー	35　43　57
さーじゃー	50
さんさなー	39
しるいちゃー	121
しろいか	121
じーわ	51
じんじん	33
すく	77　121
たながー	94
とんとんみー	100
みきゅー	95

▼方言季節用語など

【あ】

うりずん（陽春）	75

【か】

かーちべー（夏至南風）	76
かたぶい（片降り）	37

【さ】

しーぶばい（歳暮南風）	81
しーみー（清明）	26　27
十月なちぐわー（小夏日和）57　80	
しわしーべー（師走南風）	81
すーまんぼーすー	32〜35　76
（小満芒種）	

【た】

とぅんじーびーさ（冬至寒さ）	81

【な】

にんがちかじまーい	74
（二月風廻り）	

【は】

はまうい（浜下り）	75
ふしぬやーうち（流れ星）	78

【ま】

みーにし（新北風）	79
むーちーびーさ（餅寒さ）	81

【わ】

わかなつ（若夏）	76

135

坂下 光洋 (さかしたみつひろ)

名桜大学非常勤講師。
1986年より在沖。1992年より名護市民。『羽
地内海うむしるむん図鑑－羽地内海の多様な生
き物と人々の暮らし』(共著、羽地内海の自然
を守り育む会、2008年)。『名護市のチョウと
食草』(共著、夢・てふてふ塾、2001年)。

沖縄自然観望

2021年9月28日　発行

著　者　坂下光洋

発行所　新星出版株式会社
　　　　〒900-0001
　　　　沖縄県那覇市港町2-16-1
　　　　電話 (098) 866-0741

印　刷　新星出版株式会社